CG illustration Strategy · The Elementary

动漫绘画系列

CG 插画全攻略·基础篇

陈惟　游雪敏／著

图书在版编目（ＣＩＰ）数据

CG插画全攻略·基础篇 / 陈惟等著． —— 沈阳：辽宁美术出版社，2014.5（2020.1重印）

（动漫绘画系列）

ISBN 978-7-5314-6363-4

Ⅰ．①C… Ⅱ．①陈… Ⅲ．①三维动画软件 Ⅳ．①TP391.41

中国版本图书馆CIP数据核字（2014）第094587号

出 版 者：辽宁美术出版社
地　　　址：沈阳市和平区民族北街29号　邮编：110001
发 行 者：辽宁美术出版社
印 刷 者：辽宁北方彩色期刊印务有限公司
开　　　本：889mm×1194mm　1/16
印　　　张：10
字　　　数：260千字
出版时间：2014年5月第1版
印刷时间：2020年1月第4次印刷
责任编辑：林　枫
封面设计：范文南　洪小冬　苍晓东
版式设计：林　枫
技术编辑：鲁　浪
责任校对：李　昂
ISBN 978-7-5314-6363-4
定　　　价：65.00元

邮购部电话：024-83833008
E-mail: lnmscbs@163.com
http://www.lnmscbs.com
图书如有印装质量问题请与出版部联系调换
出版部电话：024-23835227

前言——CG成就梦想

如果这个世界上没有一种被称为"CG"的艺术形式，我想我就没有可能在这里撰写这本书。同样，我也不可能在短短的6年时间里，从一个稚气未脱的大学毕业生，成长为具有一定国际影响力的艺术家。而这一切梦想的成真，全部倚靠着CG这种全新的艺术形式。

首先，这是一本写给初学者的书。因为再也没有谁比他们更需要看书，更需要学习。所以这是一本集知识普及性与技能传授性于一体的生动读本。

其次，既然是写给初学者，那么本书就充分考虑到初学者的各种情况。因为作为作者的我，是在大学的CG插画课里担任了7年一线教学的老师。

我完全有能力给任何的学习者以行之有效的学习建议和指导。但是毕竟一人之力是十分有限的，为了让更多的人能够从CG这门现代艺术里感受到不一样的乐趣，我撰写了此书。

本书的最大特点就是简洁明了，特别适合一个刚刚接触CG的初学者研习。CG创作的三种不同层次的技能，在本书中被一一详尽地罗列出来，通过非常详细的图示传授给各位。

你只要耐心地按照本书中的一些知识点加以练习，你便可以非常快速地习得一些事半功倍的关键性技法。

但是，需要声明的是，本书不是一本枯燥的软件技巧书，而是一本实用性很强的手册，是我的宝贵的创作体验，在你的CG创作的不同阶段，每次回首阅读，都能获得不同程度的感悟。甚至只需要在你有时间的情况下，睡觉前，地铁上，随意地翻看本书，你都能获得一些实用的知识与技能。

本书是用来阅读的，不是用来考人的。所以绝对不要担心会看不懂，也不要担心学不会。至少我亲自指导的学生中，不少已经从一个完全零美术基础的学生成长为一个职业的原画师、插画师。

传统艺术的门槛

传统艺术需要耗费高额的成本与占据大量的空间，没有颜料不行，没有画室不行，甚至得有模特儿，可是，这些条件都是年轻的大学毕业生基本不可能具备的。然而这个年代需要他们在尽可能短的时间内实现自己的艺术价值，否则生存的压力就会把他们拖垮。这是一个现实，虽然它有点残酷。

同时，这又是一个读图的时代，需要的不是流芳百世的传世经典，而是大量更新的创作速率。需要的不是标新立异的独树一帜，而是旧瓶新酒的改头换面。不管你承认与否，这就是这个时代的商业美术。它不以某个艺术家的虚伪的个人道德价值判断为转移，而是以广大民众的欣赏与消费为前提。

所以，可以毫不犹豫地在这个年代做出如下的论断：

如果想要投入到当今的商业美术界，无论是插画绘制还是动漫制作，你都必须优先掌握CG，并把它作为第一选择的创作形式和工具。

Morden art vs Traditonal art

在美国的洛杉矶艺术学院（Art Center College Of Design）是世界有名的概念艺术、工业设计的人才摇篮。全世界第一台诺基亚手机的模型就是那里设计出来的。从那里毕业的学生基本被好莱坞的专业制作团队或者国际知名公司，比如索尼、梅赛德斯等瓜分殆尽。其艺术专业的设置中，使用CG进行商业绘图的插画专业有多达300多人的学生，而传统美术的油画却只有不到10个人。

这就是未来国内的美术院校发展的方向。因为，市场决定着一切。

CG成就梦想

一个艺术家的培养，需要经历相当长的时间和代价。这其中固然有艺术本身的创造性所带来的各种难度，但是也不乏艺术工具的使用本身所与生俱来的局限。我在接触CG之前，长期地使用铅笔和毛笔进行各种创作。虽然能力获得了一些长进，但是效果却不尽如人意。纵观那些使用传统工具进行创作的大师，不到白头不得人意，其成功的道路太过于曲折艰辛，使得大量的学习者知难而退。这样的情景，我在创作与教学的7年之间目睹不少。在行业内亲历不少年轻的艺术家，虽然对于铅笔和毛笔不太熟悉，但是借助CG成为了炙手可热的艺术红人。

并不是画不好石膏素描、不会画油画，就没有资格做CG，就没有可能成为一个优秀的CG艺术家。

人人皆可CG

CG更是一种平民化的艺术，男女老幼，只要你有实践的足够充分的理由，你都能够拿起一支压感笔创作属于自己的CG作品。我们在日本考察的时候，看到CG使用的压力感应笔是放到超级市场里贩卖的，就和大白菜一样。同样地，我也见过大量非美术专业的人士从小学教师、公司白领、计算机程序员，甚至摔跤手、保安、木匠，拿起CG的工具，经过努力最终成为了专业的电脑美术创作者。这些例子，让我自己都相当地吃惊。可是如果你深入地了解了CG创作的诀窍以及相关的优势以后，你的困惑就变成了会心的微笑。CG就是这么神奇。

所以，如果连残疾人都能办到的事情，我们广大的CG学习者还有什么借口呢？

本套图书分为：《CG插画全攻略—基础篇》和《CG插画全攻略—提高篇》两本。"基础篇"里的理论和实践与"提高篇"里的理论和实践肯定在层次上有所不同。"基础篇"适合于绘画基础薄弱、软件基础也比较差的广大初学者。而"提高篇"则适合美术高校里，具有一定美术实践基础和软件知识的在校大学生。

Sundi是我的学生。在有限的学习时间内，凭借自己的努力已经在国内小有名气，曾经获得过2010年Wacom全国绘画大赛四川赛区的金奖。

CG使她从一个默默无闻的学生走向了专业的创作领域，她可以借助CG一步步地靠近她的梦想。图为Sundi作品。

日本的残疾CG画家寿志郎。在失去双臂的情况下，用嘴巴借助CG的工具完成了一张又一张美丽的图画。由于没有手的灵活，他无法正常地完成流畅的线条，于是他就大量地借用CG中的各种工具来弥补先天的不足。虽然很难，但是他却做到了。我为他而感到震撼。

图为寿志郎笔下的健康的美少女。这些饱满而活泼的形象，恰恰反映了艺术家不屈的灵魂与对美的执著的向往。

在本章里，我们要介绍5款主要的绘图软件，

但是我们的学习不是一个一个排着队来学习，

而是从整体上比较它们之间的共同点和不同点，

让读者从宏观上理解平面绘图软件的本质。

这些宝贵的经验将会被总结在下面文字中。

这些经验是本书学习的核心理念，也是一个CG插画的学习者必定会经历的历程。

掌握方法论，了解练习的方式和训练的方向，才是一切技能良性积累的可能。

首先我们从CG插画学习的最为常见的误区开始，

为学习者诊断各种问题产生的根源。

CG原为Computer Graphics的英文缩写。

电脑绘图或者设计都称为CG。

CG插画又名数字插画。

这是在视觉工业化和读图时代的社会背景下产生的一种全新的图像绘制方式。

CG原为Computer Graphics的英文缩写。

电脑绘图或者设计都称为CG。

CG插画又名数字插画，

这是在视觉工业化和读图时代的社会背景下产生的一种全新的图像绘制方式。

lorland.chain

CG插画全攻略

基础篇

第一章 / CG插画是什么

第一章　CG插画是什么

"CG"原为Computer Graphics的英文缩写。**电脑绘图或者设计都称为CG。**

数字插画又名CG插画，这是在视觉工业化和读图时代的社会背景下产生的一种全新的图像绘制方式。

由于科技的进步和人们生活节奏的不断加快，人类认知事物的方式进入了一个新的时代——**读图时代。**

在商品经济发展的今天，人们更容易被图像所吸引，物质生活水平逐渐提高的人们也往往会有很多消费行为，例如买杂志、看电影、玩游戏、等等，而这些行业里面，都需要大量的插画工作者。

也可以这么说，正是时代的需求产生了CG插画这种艺术。

在现在这个时代，只要是商业美术领域，就得掌握数字插画的相关技法。

在日本原宿车站拍摄到的繁茂的东京都市生活。现在国内的北京、上海、广州、深圳，甚至成都的人们不也在工业化和信息化的社会交互模式下变得像东京人一样匆忙吗？

作者在日本千叶县车站拍摄到的女子学校的招生广告。使用数字插画作为学校的广告设计在国内很难见到。

我们只需要做到科学地使用手中的输入设备就可以实现整个过程，使作业成本大大地降低了。

概念设计（全称电影前期美术概念设计。英文：Concept Art）就是在影片拍摄之前先将剧本或影片构思前期视觉化，这项工作普遍应用于好莱坞大片的前期，以便他们的制作人员理解影片的脉搏和风格，为影片制作蓝图，为投资估算投入，为以后拍摄提供参考。

整个电影、游戏、电子通信、数字娱乐业在21世纪的大发展可以说对于CG产业都是一个互为推动的双向动力。游戏业在1997年之前产值只有整个电影工业的一半，但是到了2000年，已经大大超出了全球电影工业的总产值。

在传统的图书出版业，大量的CG插画家在为各种各样的奇幻小说、杂志绘制封面和内页的插图。这样的工作养活了大量的CG艺术家。

动漫是未来的人认识世界的方式。没有人会一直抱着传统的文化形式不放。大家会喜欢有个性的、有个人主义色彩的文化作品。所以未来中国的动漫市场是属于90后的。因为市场是由人的消费观念决定的，而新兴的人类才真正具备全新的消费观念。所以CG在中国所具有的巨大的市场潜力是不可估量的。

从事游戏原画不仅是现在大多数动漫设计师的梦想，也被视为当今最为时尚的职业之一，而目前国内的网络游戏市场日益壮大，被称为第九艺术的游戏，也逐渐登上了大雅之堂，这就为CG插画师提供了一个很广阔的舞台，CG插画师能在游戏设计中担任原画设计、宣传设计等重要视觉设计职业。

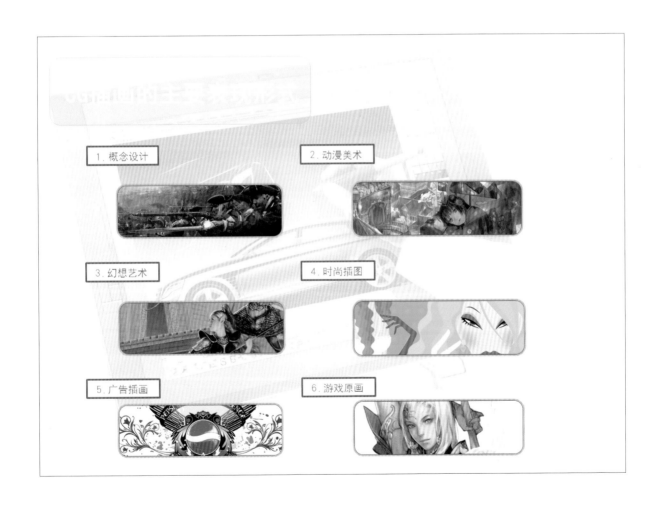

1. 概念设计　　2. 动漫美术　　3. 幻想艺术　　4. 时尚插图　　5. 广告插画　　6. 游戏原画

影片《指环王3：王者回归》赢得了史无前例的11项奥斯卡提名中的所有11项奥斯卡大奖，其中包括最佳影片和最佳导演。

CG插画是什么

游戏原画是目前CG插画师的主要就业渠道。

这些宝贵的经验将会被总结在下面文字

这些经验是本书学习的核心理念，也是一个CG插画的学习者必定会经历的历

掌握方法论，了解练习的方式和训练的方向，才是　切技能良性积累的

首先我们从CG插画学习的最为常见的误区于

为学习者诊断各种问题产生的根

CG插画全攻略

基础

第 二 章 / CG插画如何学习

第二章 CG插画如何学习

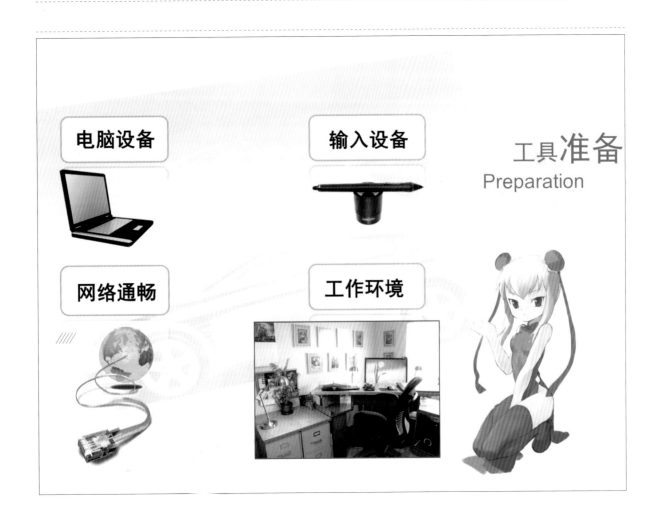

电脑设备

输入设备

工具准备
Preparation

网络通畅

工作环境

第一节 ///// 学习CG插画的准备条件

工欲善其事，必先利其器

在所有的学习开始之前，我们必须先准备以下的一些基本条件。如果你不具备这些条件，我想一些技术性的练习工作就可先不急于去做。

本书是用来辅助练习的，而不仅仅是用于娱乐性的阅读，所以请尽快地准备好这些必要的条件。

一、必要的工具和设备

1.电脑的选购

电脑的选购对于初学者来讲是个比较头疼的问题。但是如果你稍微懂得一点儿网络知识，并且愿意花时间的话，配到满意的机器是不成问题的。因为现在电脑市场的价格都很透明，所以商家的利润也不高，一般看价格就能简单地分辨出机器的性能。

INTOUSE 4 无线板

Dell xps M1730
内存： 1G
硬盘： 1T
显卡： 8700MGT*2

鼠标　　　　　讲课专用笔　　水壶　　　　　　移动硬盘　　　　　录音笔

上图就是我所使用的全部的电子设备一览图：包括电脑，INTOUSE4无线手绘板等。走到哪里都是一个移动的工作站。

那么要想买到理想的电脑配置，建议你可以走以下的步骤：

做预算——上论坛——比价格——订货

现在网络咨询那么发达。许多专业的论坛都提供免费帮会员写配置的服务，你注册以后，发帖说你的预算和需求，比如希望显示器好一些等，之后就有很多的高手帮你写出配置，你只需要拿着这些配置到电脑城去比价格就成。

电脑在3～4年就基本成废铁了。所以早买早用，不要等待什么降价。因为很多家长和学生并不知道电脑IT市场的规律。商家为了保持利润，通常会通过不断升级产品来维持一个品牌的价值，可是旧东西往往就停止了生产，余下的存货往往不会跌，反而还会涨。因为通常新产品也不会比旧东西好到哪里去，的确在某一方面是会好一点，可是好的那么一点，完全不值得为它多花那么几百大洋。而那些商品特价，都有着消费者所不知道的原因。所以期待着什么时候会便宜，而去做无谓的等待是没有意义的。大学一进学校就应该去买机器。

我的电脑就是按照上面的程序，最后通过淘宝购买的。很多朋友害怕网络交易，其实网络交易如果有第三方交易平台的支持，是很安全的，并且效率很高。

我自己用的电子产品，大到电脑、手机，小到鼠标和耳机，几乎都是通过网络购买。因为实体店交易对于忙碌的我来说，实在是很麻烦和费时的一件事情。并且我很不习惯砍价，而买电子产品你一不留神就买贵了。所以我都是通过网络，什么价格公道，谁的信誉高，一比就出来了。交易还有记录，产品不好还包退包修。

预算在6000以内的朋友买台式机，而预算上了10000的，可以考虑买高性能的笔记本电脑。因为很多CG学习者的工作和学习都具有一定的流动性，台式机搬来搬去很不方便。加上台式机通常比笔记本寿命短得多，所以能够配备笔记本的朋友可以考虑这种选择。在尺寸方面，女生和小个子男人选择15寸或者以下的。壮汉选择17寸以上的。我背的这款DELLXPS M1730加电源一共12斤（充电器4斤），噩梦一样的重量。

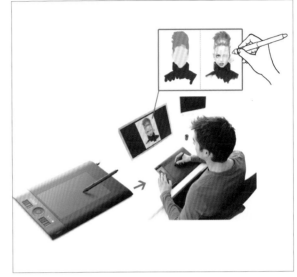

美国牌子AllianWare（外星人）代表了笔记本电脑在高端领域的最高成就。我曾经帮人订购过一台15寸的外星人电脑，里面的说明书居然是皮革做的。

市面的大牌：

DELL　　　　ASUS　　　　SONY　　　　APPLE　　　　ALLIEN WEAR

2.输入设备的选购

扫描仪和WACOM数位板有着非常重要的作用。只要你是学习和电脑有关系的设计美术类（区别于油画、版画、国画等架上美术类）的学生，都无时无刻不在和扫描素材、电脑处理这两个环节打着交道。WACOM数位板不但在动画领域广泛地运用，从前期的概念设计，到后期的编辑合层，都离不开它的帮助。在传统的平面设计领域里，WACOM数位板的产品也为那些从事数字插画的用户提供了有力的支持。任何涉及数字化的学科领域，都在顺应着时代的趋势广泛地使用着比鼠标更方便更有力的WACOM数位板。那么多主要的专业和课程都涉及这些设备。

扫描仪是学习数字插画必不可少的周边工具。不但你的手绘稿子需要扫描到电脑里面进行各种形式的加工，同时看到合适的图片素材也是需要使用扫描仪来进行保存图片的。

推荐佳能的扫描仪，因为不需要电源，只要USB线就可以工作。

千万别指望用相机拍摄超过A4大小的尺寸的画作。原因是你的相机和拍摄技术根本达不到专业的要求，拍摄出来的效果一定很糟糕。但是用扫描仪一块一块扫描到电脑里去拼合的话，虽然麻烦一些，但是效果能得到保证。

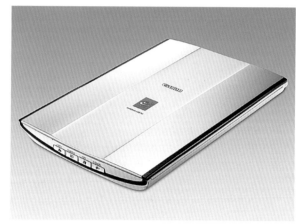

建议购买WACOM的影拓系列的产品，因为影拓属于专业产品，买一个可以使用5~8年。以后不要了，卖二手都能卖得上价。

3.手绘工具的选购

除了电子设备外，你还需要准备如图所示的一些基本的手绘铅笔工具。因为我们需要有规律地做速写的练习到我们的速写本上。

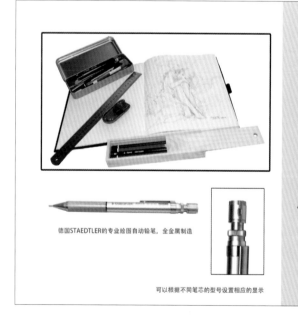

全世界最细小的"蜻蜓"橡皮笔

德国"辉柏嘉"的两口削笔刀

德国STAEDTLER的专业绘图自动铅笔，全金属制造

专业美工刀

可以根据不同笔芯的型号设置相应的显示

三菱橡皮

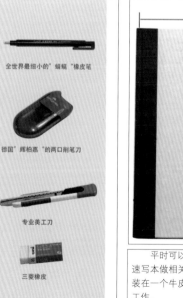

平时可以准备好一个尺寸在25cm宽的速写本做相关的速写练习。而我的工具都装在一个牛皮包里，随时一背就可以投入工作。

二、通畅的网络

学习CG插画，一定要有个畅通的网络环境。

不要以为买点书就足以开展学习了。插画学习CG，如果你没有网络，那可以说把自己学习的命脉断掉了，因为你交流时靠网络，你发布作品时靠网络，你收集资料靠网络，你回馈消息靠网络，你很多知识和信息的获取都是靠网络，甚至你的精神力量的维持也是在一定程度上依赖网络的（在学习比较苦闷的时候找点朋友倾述倾述）。所以不要以为买2本艺术类的书，在家里狂画就可以学插画了，这是不可能的，一定要有网络，一定要交流。

> 过度网游是学习插画的大忌
>
> 　有了网络以后离网络游戏要远一点，不要以为自己可以控制住。如果我们谁都可以控制住游戏，那么游戏怎么赚钱。电子游戏专攻人的行为和思想方面的弱点，没有受过专业训练的人，想控制住很困难，游戏设计者并不是我们想象的那么弱智。我敢断定的是，它的设计者里面一定有心理学的大师，这些人很狡猾，他们找准人心的弱点，然后给你设计一个套子，一旦上去就完蛋了。
>
> 　单机游戏可以打，网络游戏不要碰。

在百度（http://www.baidu.com），谷歌（http://www.google.com）的搜索引擎里都有图片的搜索，你可以快速地搜索任何你想要的图片。比如我们搜索"CG"，就出现如下的结果。

三、安定的绘画空间

你需要一个安定的绘画空间，就是你自己工作的一个环境。

这个工作环境你最好布置一下，因为你要在里面"宅"很久。在那里不断地去上网，去画画，去和人交流。所以说这个环境在有可能的情况下，稍稍布置得温馨一点，我见过有些自学的朋友工作环境太野蛮了，卫生也很糟糕，可以想象一下，一个人待在一个很冰冷很恶心的地方，他能待得久吗？肯定待不久。关于布置的风格我建议大家多动点脑筋，我觉得有些同学这方面的意识不太好，在欧美的一些发达国家，一些艺术家对自己的小工作室是做得非常雅致的，他们的装饰也不贵，就是在旧家具市场买的东西，做一些小的装饰，一个稳固的空间会让你感到很大的存在感。一个存在感会给你很大的力量。日本人就是这方面的专家。我在东京看到的艺术学院的教室虽然风格各有不同，但是都温馨得像家一样。

2006—2008年我的工作环境的图片。我力图把它打造成一个充满了手办和动漫产品的梦幻空间，这样我置身其中的时候会有很大的工作投入感。我不喜欢在冷冰冰的、没有生活情调的环境中工作，那样人的潜意识会有一种压抑感。

如图是我在2010年9月前所使用的工作室的照片。该工作室布置在一个很简陋的清水房内，只做了简单的处理就变成了一个富于气氛的工作环境。我在那里完成了大量的作品和本书部分的写作。

我的插画学生们自己布置的属于自己的学习环境的照片。这些有趣的布置显示了学生在这方面与生俱来的艺术才华。

图A是法国国宝级的漫画大师【墨必斯】所作的一张工作台的示意图。图B是美国历史上获得荣誉最多的画家【诺曼·洛克威】尔所作的工作环境的画作。其实我们不乏在许多画家的作品里看到专门针对自己工作环境的描绘。这种现象也显示了画家们对自己工作环境的一种深深的眷恋。

很多的朋友都以为布置一个梦幻般的、温馨的工作环境需要花费大量的金钱和时间。其实不然。我这些年来办工作室，也看着行业里一些朋友办工作室的经历，得到的结论是：往往一些装饰性的灯光，一些美丽的花布，一些特别的布置，都能让简陋的家具和设施焕发出不同凡响的效果。并不一定需要昂贵的家具和豪华的设施，你需要的是开动你的脑筋，使用简单的材料和装饰，就能轻松获得一个梦幻般的工作场景。在未来，如果有条件我一定要组织一个布置工作环境的比赛，因为在我看来，只有尊重环境的人，才能真正地尊重自己的作品。

图示为【三鹰之森吉朴力博物馆】内的宫崎骏先生的工作台。梦幻般的感觉一直是无数美术设计师追求的。值得注意的是墙壁上所挂的【娜乌西卡】的枪，我当时去问了价格，一把合人民币9000，太贵了，只好残念。

与本节有关的名词注释

【墨必斯】

墨必斯 (Moebius)，本名尚·吉哈 (Jean Giraud)，法国知名漫画家。1938年5月8日出生于法国，自幼父母离异，由祖父母养育。墨必斯的绘画天分在很小的时候便显现，16岁进入法国艺术学巴黎应用美术学校就读。1954年，当他还在学校就读的时候，发表了第一本漫画作品《Les Aventures de Frank et Jeremie》，也开始了他的漫画创作生涯。

若说墨必斯 (Moebius) 是目前世界上知名度最高、影响力最深的欧洲漫画家一点也不为过，他多年来累积的漫画及绘画作品数量等身，作品独特创新的奇幻意象与精湛的技法线条深深影响了世界各地的漫画家与艺术创作者，也同时将漫画提升至更高的艺术境界；他同时跨足插画、电影、舞台等其他领域，已臻不惑之年仍创作力旺盛，年年皆有新作问世。

(宫崎骏和大友克洋受此人的影响特别深，特别是宫崎骏，在他的多部作品中都有明显的墨必斯风格，比如《风之谷》。)

「墨必斯看待世界的角度令我惊讶！他的画，以最单纯的线条来描绘人物，包含了各种要素，呈现出既孤独、又高傲的空间感。我觉得这是墨必斯最大的魅力。」——宫崎骏

「墨必斯是走在漫画进化最前线的艺术家，至今依旧旺盛的创作，正是他的厉害之处。」——大友克洋

「对我来说，墨必斯是奇迹之人，是我的英雄！」——松本大洋

【诺曼·洛克威尔】

诺曼·洛克威尔 (Norman Rockwell, 1894—1978) 曾被《纽约时报》誉为"本世纪最受欢迎的艺术家"。洛克威尔的作品纪录了20世纪美国的发展与变迁。

洛克威尔生于纽约。未满20岁，他就成为美国童子军《少年生活》(Boy's Life) 的美术指导，他一生为美国童子军画了五百多幅作品，有"童子军艺术家"的美誉。1916年，洛克威尔22岁，他开始为《周末邮报》(Saturday Evening Post, 20世纪前半期美国最畅销的报纸) 画封面。在47年中，他共画了322幅温馨感人又幽默深刻的漫画封面。许多美国人都是看他的作品长大的。1973年，美盖洛普民调，提问中有82%的人都认为诺曼·洛克威尔是他们心中「当代最杰出的画家」。

诺曼·洛克威尔博物馆位于美国麻州的史塔桥市。

1976年，诺曼·洛克威尔与一群史塔克市的居民集资买下主街上一栋摇摇欲坠的建筑物旧角屋 (Old Corner House)，两年后将旧角屋整建为展示馆，展出地方历史文物搜藏和自己提供的作品，旧角屋逐渐成为洛克威尔作品的展示中心。

【三鹰之森吉朴力博物馆】

正式名三鹰市立动画美术馆 (三鹰市立アーメへション美术馆)，通常称之为三鹰之森吉卜力美术馆，又称吉卜力博物馆，它是一间位于日本东京都三鹰市的动画美术馆。馆主是身兼作家、漫画家、动画导演的宫崎骏。首任馆长是宫崎骏长子宫崎吾朗，2005年6月24日由中岛清文接任第二任馆长。

这个美术馆是动漫迷必去的东京景点之一，里面收藏了大量的和动漫相关的展示品，非常神奇！

一进入博物馆就是一个兑换底片式正式入场券的柜台，我随机得到的是"魔女宅急便"的门票，但是我用它换来我挚爱的"天空之城"门票……珍贵纪念品，激动！！！头顶上方的天花板还有一个大大的笑脸太阳以及茂盛的藤蔓，仔细看还会发现龙猫、骑扫帚的魔女琪琪也在画中。

2楼，有半边是宫崎骏大师的工作室，这里的桌面、书架上都不是收拾得很整齐，花生、咖啡、手稿、资料，一切的一切，感觉上就像是大师刚用完、刚离开座位一般。墙面上有许多动画片里人物的手稿图，书架上则有许多关于宫崎骏作品的资料和珍贵手稿，这些都是可以翻阅的！特别是《千与千寻》的手稿。

【娜乌西卡】

娜乌内卡本来是希腊史诗《奥德赛》中出现的派阿基亚公主的名字，
这里指的是日本电影版动画《风之谷》的女主角。

电影版《风之谷》是日本动画巨匠宫崎骏先生的成名作，1984年全日本公映
时引起轰动，剧中独特的世界观以及人性价值观深刻地影响了其后十余年日本动
画的走向，女主角娜乌西卡更是连续十年占据历代动画片最佳人气角色排行榜冠
军之位，选票通常超过第二名四五倍之多——第二名分别曾为《蓝宝石之谜》的
女主角娜迪娅以及《城市猎人》中的寒羽良等。宫崎骏也因此片而奠定了他在全
球动画界无可替代的地位，迪斯尼将他尊称为动画界的黑泽明。

第二节 ////// 学习CG插画的建议

在学习开始之前，我们要了解一些CG学习，甚至是美术学习的起码常识，你也许会觉得这些常识是一些陈词滥调的"老玩意儿"，可是我要告诉各位的是，这些都是实实在在的经验和深切的教训，在长达6年的教学生涯中普遍地出现在我的学生身上。你或许没有其中谈到的所有问题，但是这些经验的总结一定能与你正在经历的某些心路历程发生共鸣。

现在，我把它们写出来，也请阅读本节的读者把它们熟读于心，这必将为你的学习带来不一样的体验。

大多数人都是在各式各样的学习中成长起来的，比如大学教育、自学、培训班等，但是学习的失败率却是惊人的高。也许你经常听见某某自学成才的例子，但是却未曾看到数量更为庞大的失败者对于曾经的学习难以启齿的尴尬。

因为学习艺术和学习别的技能、学科一样，并没有太大的差别，其本质在于"个人意识品质"的问题，并非外因使然。

我是学习理科出身的，在第一天学习艺术的时候，我就根本不信那些什么"天赋"、"灵感"之类的含糊其辞，我仅仅使用理科的逻辑思维和分析手法，加上持之以恒的练习，4年内从完全不会到成功地学好了艺术，我并不觉得会画画有什么了不起。绘画这种行为和人类的其他行为一样，不过是一种每个人都可以激发的本能而已。所以，如果一个数学家非常渴望成为一个艺术家，也是完全没有问题的。

中国艺术高校的学生和国外的相比，最大的不同在于，大多数的中国的学生把选择艺术作为就业的渠道，而非人生理想。

近几年来，随着美术专业扩招，加之国家在不断扩大招生的同时，也保持了以往对美术类考生文化课成绩的较低要求，一般艺术类考生文化课录取分数线在300分左右，远远低于其他门类。因此，吸引了一大批在严格要求的文化课筛子中筛下来的投机者。他们在12年学习中，由于自己的学习习惯、领悟能力、求知意志的差异，已被他的同龄人远远抛在了后面，没有了文化课的优势，在走投无路时才和美术粘在一起。（摘自《浅析当前艺术高考热》）

中国的艺术高校生主要来自考不上一般本科或者重点的高中生。这些人经过2个月到半年不等的美术高考集训跨入了艺术高校的大门。他们中的大部分对于艺术学习可以说是毫无感觉的，甚至有讨厌艺术工作的。我记得我的老师给我讲起老美院的画室里，总是通宵达旦地亮着灯，当年的大学生们开着收音机的音乐，听着崔健的摇滚，啃着冰凉的馒头，完成一张又一张的作品。就是这样的情景，成就了【马一平】、【何多苓】等诸多在当代中国画坛上内力深厚的名家。

这样的情形，现在显然是很少了。现在的学生，完成作品更多是为了应付作业，宁可花大量的时间到无聊的网游上也不愿意主动与周遭人等交流交流，遇到困难更是缺乏独立人格去解决问题，不是退避三舍就是怨天尤人。他们总是说自己所在的学校不好，要是当初考进了某个学校就好了，也常抱怨自己的老师没教给他们真才实学，甚至迷信某

个网络上的"CG高手"能够改善他们的命运，到头来，发现能够依靠的只有"自己"而已。但这个自己如果是一个软弱的、不堪一击、怨天尤人的自己，那你何以依靠？

如果没有一种能够享受孤独的情怀，很多耐不住寂寞的人永远成不了优秀的画家。

CG插画首先是一种技术，之后才是一种艺术。

CG的产生是因为社会进入了读图的时代，商业艺术创作需要效率为先。所以，想要学好这门艺术，首先要把它当成一种技术来学习。

我见过的学习者太多了，来自高校的，来自社会的，甚至来自国外的。学习的目标不同，很直接地造成了他们的学习结果不同。

比如：我的法国学生亚瑟，他的学习目标非常明确，就是要成为一个艺术家，所以他的学习不会为了工作而委曲求全，他也不会因为担心未来的经济问题而动摇自己的学习决心。他并没有什么钱，

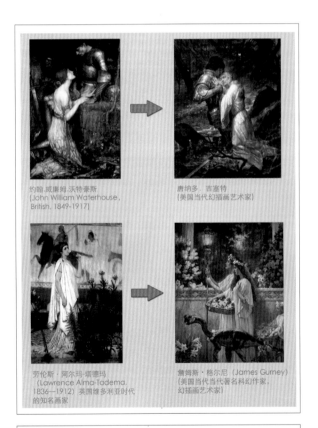

约翰·威廉姆·沃特豪斯
(John William Waterhouse, British, 1849-1917)

唐纳多·吉塞特
(美国当代幻插画艺术家)

劳伦斯·阿尔玛-塔德玛
(Lawrence Alma-Tadema, 1836—1912) 英国维多利亚时代的知名画家

詹姆斯·格尔尼 (James Gurney)
(美国当代当代著名科幻作家，幻插画艺术家)

他可以在法国的工地上一天13个小时地干，存上2个月，然后到中国来学习，如果钱不够了，他又打工。诚然，西方社会的工资标准比我们高很多，但是我的中国学生中有一大半在经济上是优越于他的，因为他只能靠自己，而他们却还有父母的支持。但是在学习的目的上中国的学生就显示出软弱的一面。一方面，他们毫无疑问地为了就业而学习CG插画，但是一旦以专业的训练要求他们的时候，他们又和你反复强调他们的"个性"和所谓的"艺术爱好"，到了临近就业应聘，他们就因为准备不足而表现出彷徨和盲目缺乏自信。当然这种情况并非所有，却相当的普遍。因为当他们在拒绝"严格的美术训练"，而强调"自己个性"的时候，不过是找个借口让自己"知难而退"而已，所以，告诫那些想要走上CG插画这条道路的朋友，CG插画是商业美术，虽然也可以说是一种艺术形式，但是其根本是一种共性大于个性的实用美术，这不是标新立异为了不同而不同的纯艺术。

归根结底，你所要关注的不过是把自己的目标和自己的思想乃至行为统一起来，这样才能真正地发挥出你的能量。否则，想着左边的结果却在干着右边的事情，其结局可想而知。任何全才都是从专才做起的。

所以综上我们不难看出，要想学好CG插画，无论是自学还是找培训班，都必须清楚什么叫"艺术家的理想加脚踏实地的工作"。没有远大的理想最终学不成什么气候，而如果没有普普通通、脚踏实地的实践，任何理想都是泡影。

插图引起艺术界广泛注意是在艺术于20世纪60年代发生巨大变化之后。自从波普艺术以来，西方艺术的一个走向就是逐步取消绘画、取消描绘技术，导致艺术教学的转变。在艺术专业中，也逐步摆脱了绘画的训练。艺术家们以标榜不会画画为荣。不少来自东欧国家和中国的艺术家们都非常惊奇地发现：美国的艺术家以及艺术学院的学生基本都不画画，所谓的"美术"与绘画的关系非常疏远，不少艺术家以绘画技术娴熟为耻，标榜从来不画画。然而与此同时，大量出版的杂志、书籍、包装、宣传品、广告等依然需要绘画，因此西方沉重的绘画任务就必然落到插图身上了。

————王受之《美国插图史》

与本节有关的名词注释

【马一平】

马一平教授，中国著名油画艺术家，中国美术家协会会员，中国油画学会常务理事，重庆市政协常务委员，享受国务院政府特殊津贴专家，历任四川美术家协会常务理事，重庆市美术家协会副主席，四川美术学院副院长，川音成都美术学院院长。

名称：马一平 1999年作 大地无言15号
材质、形制：油画
尺寸：120×160cm

【何多苓】

何多苓，1948年5月生于成都，中国当代抒情现实主义油画画家的代表，1973年毕业于成都师范学院美术班，1977年入四川美术学院油画专业学习，1979年入四川美术学院绘画系油画专业研究班。
1982年毕业后在四川成都画院从事油画创作，现居成都。1985年应美国马萨诸塞州艺术学院邀请赴美讲学。
其绘制的连环画作品《雪雁》是插画艺术中的精品。

三、永远不要为基础发愁

今天的基础就是昨天练习的结果，基础是一个可以改变的概念。

初学者的第一个烦恼就是：基础太差，不知道有没有可能学出来。

而这里陈老师要非常肯定地告诉各位，只要你能坚持实践科学的学习方法，一定能学出来。

今天的基础就是昨天练习的结果。如果今天不做点实事，那明天就没有基础，千万不要担心基础差，因为基础是一个可以改变的概念。

不要为当前的美术基础而发愁，要深刻意识到一个基本的逻辑问题："既然你是一个初学者，那么就意味着你的基础一定是薄弱的。"这和你担心不担心没有任何的联系，因为这是客观事物发展的其中一个阶段而已。

人体中纷繁复杂的肌肉组合已经成为了初学者自怨自艾的最佳理由。在我所遇到过的抱怨自己基础差的学生里面，以人体知识欠缺为借口的占到了80%。

可是即使是我这样作品被【暴雪】这样的国际

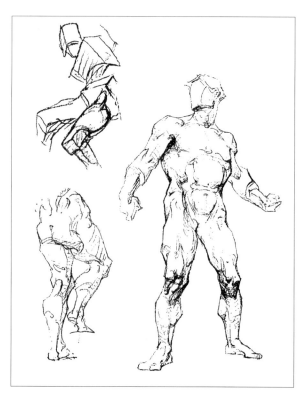

公司所采用的插画家，对于所谓的人体也仅仅是了解到一些最为基本的结构，在描绘人体的时候我靠的主要是线条组合的原理。

但是却还是很多人在预支他们的忧虑担心："我的基础太差了，要怎么办才好呢？"

你要知道有一句话叫病急乱投医。意思是说当你生了病，你就不会去管这个医生的医术好不好，你就会听风就是雨，别人给你说你的基础不好就去背【《伯里曼人体结构绘画教学》】吧，背几年除了浪费青春也就那么回事，人家说基础不好你去画石膏像吧，补习班交了几十块钱，练了半天最后连自己学的是什么都搞不清楚。

并非每个CG艺术家都需要做大量的素描石膏的练习才能获得成功。石膏练习仅仅是针对训练传统写实艺术家而设计的一种训练模式，在长达300年的艺术教育历史上，几乎没有人去质疑这种模式的不合理性。

幸运的是，到了21世纪，当我们用科学的眼光来审视这种训练模式的时候，我们看到了诸多值得思考的地方。

如果你一开始就直接接触卡通图像，以及实现这种类型的图像的训练，那么枯燥乏味的石膏像训练就完全没有必要。

这就好比让那些最优秀的油画家来绘制魔兽世界一样，面对陌生的图像审美标准，他们也是没有办法的。

其实我告诉各位，真正在插画学习上，你要练习的是自己作为人类的形体感知能力，从【CIN】的原理来讲的话，你能画画，是因为你能准确地看画。能准确地看画，是意味着你不带任何偏见地去接收你的眼睛所观察到的图像，而这点如果没有经过特别的美术训练几乎不可能做得到，所以建议大家先去看看美国艺术学博士【贝蒂·艾德华】在80年代写的一本名叫【《像艺术家一样思考》】的书，此书是和CIN训练一脉相承的，你看下这本书，就会明白，贝蒂是怎么通过5天时间来教会一个人绘画。基础不好的同学你去看看这本书，如果看通了，远远胜于你去画很多很多的石膏像的练习。

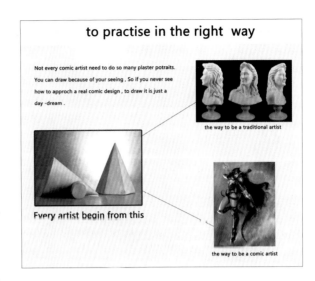

如果你对于基本的美术知识完全没有了解，你可以去网上查一查，或者买本儿童基础绘画书，很便宜的那种，买来看一看，大概了解下就OK，千万不要指望看看就能画了，绘画的能力是靠条件反射训练形成的，不是知识学习造成的。所以指望看书学会是天方夜谭。

那么接下来的工作就是要记住脚踏实地地去实施一个行动计划。前些日子在网上看到，一个德国小伙子花一年的时间，把自己从一个没有基础的人训练成一个专业的原画师，他做的一些工作是很有建设性的，他会把一个职业的美术工作者所作的练习分类，比如一些人物具体形象的速写，但这个速写是有一定要求的，会画一些概念的设计图、机械的设计、卡通形象，或者一些电脑的绘图，他会把

12个月前 　　　　　　　　 12个月后

朴同学是一个典型的零美术基础学习的学习者，从一窍不通的门外汉，到专业的游戏原画，一共用了12个月，他的学习历程就是一个典型的思维转换过程。

不同思维的初学者拿到练习题目

草率上手，不仔细参考

效果不佳

灰心丧气

找理由，抱怨

基础不好

到底什么是基础？

去书店买书？

仔细参考对比资料，分析题目

循序渐进地策划创作难度先出一些小规模的作品

信心，强烈的情感动力

运用右脑思维突破观察障碍，通过时间来弥补技能的不熟练

控制自我，耐心，反复修改加简单原理

作品完成

如果你仔细看明白了如图所示的不同思维的初学者拿到练习题目后的不同反应，你就知道为何有些人的美术基础能够得到积累，而有些人始终为基础问题所困。

这些东西分门别类收集起来，如果要画人物形象速写，他会看自己画的和别人有什么区别，然后利用贝蒂博士教给大家的一些基本的观察方法，使用右脑去体验观察后的形象，那么再去不断地模仿他，模仿他的感觉，持之以恒地练习，他在公交车上也在画，吃饭的时候也在画，这个图像就会反复地刺激他的大脑，形成一个坚固有力的图像库，最后直到这个图像库变得丰满了，他就能在没有参考的情况下随心所欲地表达了。所以说今天的基础就是昨天练习的结果。如果我今天不做点实事，那我明天就没有基础，千万不要担心基础差，因为基础是一个可以改变的概念。

2008年与2010年两次在日本参观访问，看到一个奇怪的现象。在东京国际漫展上，许多的【日本动漫学校】都会展示出他们的学生作品。这些作品中有美术基础类的作品，也有专业动漫类的作品（如图所示）。但是这些作品中，基础类的作品普遍都不怎么样，比起国内高校的同类作品简直差远了。但是，一旦是专业类的作品，情况就完全反过来了。不是说基础类石膏水粉画不好就不能做好动漫吗，这个在日本怎么就反过来了？带着这个疑问我去咨询了代代木动画学院的课程顾问，别人的回答是："基础类的作品仅仅是告诉学生一个原理而已，学习的目的在专业的工作领域。如果基础类作品要画得完美，那么2年的学制很难培养出一个合格的动漫画家。"

令人吃惊的是，日本动漫学校的学生作品，不但在画面表现上与市场的需求非常吻合，在包装设计、作品系列化的策划上，也显示出训练有素的素质。

与本节有关的名词注释

【伯里曼人体结构绘画教学】

乔治·伯里曼　(J.Bridgman)
《伯里曼人体结构绘画教学》

　　【美】乔治·伯里曼，是享誉世界的美国画家，由他撰著的这本《伯里曼人体结构绘画教学》，是一本著名的关于人体结构方面的工具书。

　　早在20世纪60年代，国内的一家出版社就曾出版过这本画册。该图册不同于以往仅对局部人体结构解剖的说明，而是用他毕生的素描作品和艺术家本人的六部知名著作，倾力阐述了他的人体结构解剖体系。

　　该书是国内众多高校标准的人体绘画教材。

【贝蒂·艾德华】

　　1979年贝蒂·艾德华博士，美国加利福尼亚大学的艺术教授。在前人的基础上开创了使用右脑绘画的相关研究，她最初对于绘画的贡献及她的作品受到了心理学家和教育学家的广泛赞扬，曾受到《洛杉矶时报》《西雅图时报》《读者文摘》《时代》杂志等深度报道。

【暴雪】

　　暴雪娱乐是一家全球知名的电视和电脑游戏软件公司，英文为：Blizzard Entertainment，总部设在加利福尼亚。暴雪正式成立于1994年，在业界享有着极高的声誉，并被业界称之为"游戏神话缔造者"。其作品魔兽争霸，星际争霸，暗黑破坏神风靡全球，深受玩家好评，并被多个电子竞技赛事列为比赛项目。

【CIN】

　　其英文全称是Cerebal Image Narrow Input，直译为"大脑闪像狭窄输入法"。CIN动漫造型训练法就是专门针对实际的生理和心理的现象展开的专门的绘画训练法。此法是21世纪最先进的动漫造型训练法，不但对于动漫类绘画基础的训练有着十分显著的效果，也是广泛用于各类商业美术专业的基础训练中。

　　该方法的基础理论来源于美国医学博士罗杰·斯佩里（Roger Watctt Sperry），【August20, 1913－April17, 1994】关于大脑左右功能划分的相关著作《对人脑的新认识》后结合了约翰D布兰恩福特《人是如何学习的》，赖特米尔斯《社会学的想象力》等相关人类行为学，心理学的诸理论著作。

【《像艺术家一样思考》】

　　贝蒂·艾德华博士的《像艺术家一样思考》被译成14种语言文字，畅销全球，光是美国一地就销售近300万册。在所有教授绘画的书籍中，该书被广泛采用。她的《画出你心中的艺术家》亦非常畅销。此外，她的著作也成为IBM、通用电气、苹果电脑、迪斯尼等企业的创造力培训课程用书。

2010年笔者在日本与日本造型研究所所长交流所合影

【日本动漫学校】

日本的动漫学校大多数采用2年制的学制，学费一年人民币3-5万不等。部分学校招生海外留学生。这些学校大多规模不大，主要集中在东京和大阪这两个日本的商业中心附近。

学校教学严谨，并且与行业密切接轨，这些学校往往没有固定的老师，都是聘请行业内的专家前来授业。

四、自学的忠告

大多数人都选择自学插画，但是成功者寥寥无几，因为他们把"创作冲动"当做了"创作能力"。唯有那些清醒地认识自己，戒骄戒躁，一步一个脚印的学习者，最终成为了插画界的高手。

自学有多难？

练到"境随心转，而非心随境转"，自学才能成功。

一件需要我们长期投入时间和精力的事情，并非一朝一夕就能够获得。一定要首先做出非常理性的评估，这样可以不必为自己盲目的一腔热忱付出不必要的代价。有些人生代价你玩得起，有些你玩不起。

我曾经问过几乎所有的学生一个问题："你能吃苦吗？"

几乎所有的学生都带着12分的信心回答我说："陈老师，我最擅长的就是吃苦。"

可是结果呢？他们中的80%都是因为不能吃苦，没有耐心而使自己的艺术生命过早地终结了。

他们挂在嘴边的话最多的就是"迷茫"、"郁闷"、"纠结"。

虽然平时我都是以安慰和鼓励为主，但是这里我要毫不客气地说："不能自发排解不良情绪的人，是不可能在艺术上走多远的。"

一般的人，都不太具备长期吃苦耐劳的精神，他们的精神能量很低，他们往往过高地估计自己的心理减压和承受能力，他们只模模糊糊地看到一条在理论上可以成功的空中桥梁，却看不到翻山越岭的艰辛。所以，一旦自学开始付诸实践以后，成功者寥寥无几。不光是绘画，在其他领域同样如此。

人的行为的持续性，靠的是精神的能量。一个意志力薄弱的人很难维持其行为的持续性。但是大多数人不就是意志力薄弱的人吗？他们人云亦云，几乎没有在自己的人生中担当起主人的角色，他们是惰性与集体无意识的奴隶，他们按照父母的意志来选择自己未来的教育，按照同伴的意志来选择自己的就业，按照社会的意志来选择配偶，最后按照家庭的意志来教育自己的后代，所以成功的人在这个世界上才那么少。

那些在西藏修行的僧侣，可以历经艰辛，一走一叩头长途跋涉数千公里去拉萨朝圣。你能不能做到呢？答案当然是不能。因为你没有内在的精神力量。

而这种精神力量对于自学一门技能的人来讲，必不可少。

所以宗教界有句话，叫："做事不看环境不看人。"或者说："境随心转，而非心随境转。"

表层的意思是说，为了达到自己的目标，不在乎外界的变化与诱惑，以自己本心的追求为唯一的航标。

而深一点的意思是告诉各位，努力并不是叫你刻意地去控制和压抑自己的感觉，而是把自己的感情和周围的一切统一到一起。因为你意志力再强，也有忍耐不了的一天，因为你对自己要做的这个事情并不一定充满了爱的能量，你没有真正感觉到幸福嘛。

真正的动力是爱，而不是刻意地忍耐。

以前，我认识一些学生，为了工作和赚钱来学习这个领域的专业，比如3D也好，插画也好，我就曾经告诫，这是艺术行业，需要内心充满创作的激情与表达的冲动才能维持好的状态，结果他们以技术至上、以金钱至上为自己学习的第一目标，所以到现在就是两种情况，"专营"一点的早就找到更赚钱的事业，而再也不做艺术创作的工作了；而老实一点的，还一直在温饱线上挣扎，做着行业里最廉价的劳动。

同时，在自学中，既没有人来陪伴你，也没有人鼓励你，更没有人来指导你，当然也不可能有人来感染你、影响你，你必须依靠自己的精神力量来做到一个隔绝自己目标追求与外界诱惑的能量场，这本身就相当相当的困难。

家里人如果不支持你，说风凉话你能一直做到坚持吗？女朋友如果不支持你，说风凉话，你还能坚持吗？一起念书的同学都开奔驰宝马，你还在家里不赚钱地苦修艺术，你能坚持吗？年纪越来越大，但是画画的效果却还不如一些十几岁的晚辈，你能坚持吗？如果你坚持了好几年，结果发现以前的方法有问题，令你很沮丧，你能坚持吗？

自我的改变是一切改变的根源。

自学是非常艰苦的，同时你会没有收入。所以你最好是在得到家人和朋友的支持下进行，否则你的压力会很大。而过于强大的压力，恰恰是自学不能进行到底的罪魁祸首。因为前面讲了嘛，你的精神力量不会比普通人强多少。

所以，以前遇到有不少朋友来信告诉我说自己如何得不到家里的支持等，我就告诉他们，首先和家里人沟通的前提是你的决心，家人其实是支持你做任何你认为正确的事情的。但是有个前提，那就是你自己必须对你的选择有绝对的信心。而往往我们很多朋友自己都没有什么信心，在实施行为的时候也给家里人展示出自己软弱和懒散的一面，你说作为你的家里人能不为你担心吗？

下面讲个例子，大家就明白了。

有一个朋友是学习环境设计的，但是在大学毕业的时候突然想转行做"插画"。于是他待业在家自己做起了练习。半年后，当我再次遇到他，他告诉我他已经在一家装修公司上班了。我很好奇，调侃他半年前的"艺术追求与豪情壮志"。他告诉我说：他经历了和家里人多少次的不和，压力有多大，等等。最后不得不妥协去上班的经过。

我笑了笑，问他，你在家的时候一般几点起床？

他诧异了，问我问这个做什么？我执意要他回答，他想了想，说12点半。

然后我问他半年内作了多少完整的作品呢？他

居然告诉我说不记得了。

我摇摇头，说：如果我是你妈，也会反对你的艺术追求。你每天那么懒散，你妈妈会对你有信心吗？

大家现在明白了，那个朋友其实根本就没有真正地下决心，并且付出努力去追求过自己的理想。他不过不想面对毕业就业的压力想暂时性地逃避而已。

所以，得到家人和朋友的支持的关键在于自己是否有真正的决心和克服困难的毅力。

闭门造车的狭隘心态。

以前在武侠小说里总有这样的人，把自己闭关在某个与世隔绝的地方，如此这般修练一下，出去就称霸武林了。这样的事情在现实中显然是不太可能的，但是由于我们的文化对我们自身的影响，造成了我们很多同学的潜意识里，都有这样"独孤求败"式的心态。特别对于那些初学画的人，这样的狭隘心态显得尤其明显。我甚至见过一些已经刚入行的初学者，害怕与人交流，甚至害怕走出家门。

绘画上的成功不可能是"独孤求败"式的，一切的进步都是在交流与碰撞中产生的。

首先第一点要明确，我们从事绘画创作的目的只有一个，那就是给人带来美，带来正面而积极的一些感受。

CGTalk是目前世界上NO.1的CG艺术网络社区，汇集了全世界最优秀的CG艺术家，可以尽情领略世界上最先进的CG技术和最优秀的CG作品。

绘画不是技术比拼，更不是什么竞争手段。这点是【张晓雨】老师对我的教导，也是我今天要给各位明确的。

很多年轻人在绘画学习的早期总是喜欢和人比这比那，自己画得比别人好，就狂妄自大，没别人好呢，就消极郁闷。以为会画画有多的了不起，以为在网络上有几个网友恭维一下自己就成大师了，甚至有人还以在CGTALK这样的论坛上发表了一张作品就如何了不起了。

要知道很多类似CGTALK这样的论坛，不过是个作品交流站，里面不少的作品都是非专业人士利用业余时间完成的，或许作者在他的国家里仅仅是个超市收银员，利用晚上的闲暇时间画了张CG投到CGTALK上面去，一不小心入了个精品栏。这下某些人就开始兴奋了，开始膜拜新的偶像。其实人家也就是带着"玩"的态度来创作这张作品，一没想追名，二没想逐利，只是简单地把心里的美好展现给大家而已，同时看看还有别的更好的表达形式可以被自己学习的。这是非常健康的创作心态，完全不同于那种带着盲目狂热与消极情绪的竞争主义的心态，这种心态不但容易产生自闭的后遗症，以为你有好的掖着藏着不愿意分享，也看不惯别人比你好，只有选择躲起来不见人；同时这样的心态，也表现为总是通过网络在行业里捣乱，一会儿说某某又怎么抄袭自己的作品了，一会儿某某又如何如何人品有问题。

初学者一定要很忌讳把以上这些不良的思想和情绪带入自己的学习中。

第二点要明确的是没有最好的作品，只有最好的观众。

如果不从一开始就学会深入你的观众，你怎么了解你要画什么呢。所以很多画家觉得自己怀才不遇，在家里面对着网络沉迷于虚拟世界里，觉得自己怎么怎么样，结果出去一看才知道，井底之蛙而已，所以好的画家要记住，要把你的表达与社会需求紧密地联系在一起，这个紧密联系不是叫你天天去过社交生活，也不是叫你不重视你的创作。而是一个时间分配问题。记住一点，二八开，甚至一九开都可以，拿出一点点去做社会生活，去听不同层次的人对你所从事的艺术形式的看法，拿出九分的时间投入到你的创作中去，一定不要完全地封闭。

同时多参加画展等行业交流活动，不要觉得这个画展弱智，那个也不好，所有的社会活动，你要想找到完全不弱智的很困难，不要把心态放那么高，人类社会本来就是这样的，没有所谓的完美，都完美了，要艺术做什么。

完美主义者在社会上生活起来很困难，我们只要做到相对完美就好了。比如说你现在买了个东西很不错，拿到手才发现有点瑕疵，就捶胸顿足。要知道一点，相对于没有这个东西的人讲，你已经很完美了，所以人要学会知足常乐，包括你出去参加各种展览也好，也许这个展览活动很小规模很小，组织策划一塌糊涂，但你要想到，因为这个展览让你认识了一些新的朋友，给你一些新的启发，也是非常好的。

最后从心理学的角度，自闭同样很难在美术上进步，为什么呢？当你把自己关在家里的时候，你所看到的听到的非常之有限，而我们美术方面的进步，往往来源于一个多方面的刺激。有可能艺术的提高并不来源于我今天学习了多少技法，而仅仅来源于观众的一句话，来源于你在日常交谈中得到的一个念头，来源于现实生活中的一个景象。

第三点，要想成功，就要拜访成功人士，听取他们的意见。

各个行业里都有自己的成功人士，他们是熟悉这个行业规律，以及个人的意志品质都优于一般人的群体。如果你能够抽出一些时间在学习的阶段去拜访一下他们，你会发现他们的见解与常人会有很大的不同。CG插画、动漫领域内的专家们都很平易近人，如果你想去拜访他们，其实一点也不困难，去找他们聊一聊，了解一些资讯，获得一些专业学习上的良性的建议，一定会让你受益匪浅。他们是前辈，有不少的经验可以为你提供借鉴。

与本节有关的名词注释

【张晓雨】

姓名：张晓雨
职业：《科幻世界画刊》艺术总监，国内知名漫画家
性别：男
出生日期：1975年4月28日
籍贯：贵州
图为张晓雨老师在为漫画学习者讲授相关的行业经验和建议

图为张晓雨老师的漫画作品

在本章里，我们要介绍5款主要的绘图软件，
但是我们的学习不是一个一个排着队来学习，
而是从整体上比较它们之间的共同点和不同点，
让读者从宏观上理解平面绘图软件的本质。

lorland.chain

CG插画全攻略

基础篇

第三章 / 重要的软件知识

第三章　重要的软件知识

这些年来，软件教学可以说几乎霸占了中国高校的各个动漫专业的课程。

甚至回馈到社会，概念就变成"动漫=软件制作技术"。

所以高校里凡是真正在搞动漫创作的教师都开始思考着软件教学的改革。把那些没有必要的软件功能学习给省略掉，把和技能关系密切的功能给强化。一句话，学习软件是为了辅助设计，不是为了研究软件功能。

在本章里，我们要介绍5款主要的绘图软件，但是我们的学习不是一个一个排着队来学习，而是从整体上比较它们之间的共同点和不同点，让读者从宏观上理解平面绘图软件的本质。

第一节 ////// 压感笔的设置与使用

一、介绍

学习CG绘画，我们必须要使用前面所提到的数字化输入工具，俗称为压感笔。但是很多同学对于压感笔的使用方式却有很多不确切，甚至使用不当的地方。下面就以WACOM数位笔为实例，介绍这类工具的使用与配置。

图为正在使用【压感笔】进行工作的本人。我使用的是Wacom公司提供的无线版的【intous4】。

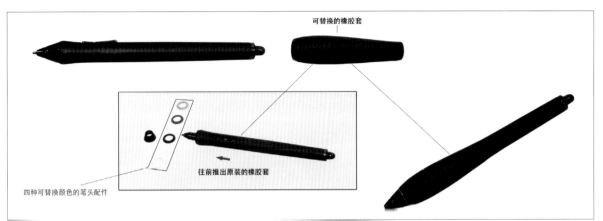

可替换的橡胶套

四种可替换颜色的笔头配件

往前推出原装的橡胶套

如果你觉得握笔的感觉不好，或者笔上带的快捷键老干扰你的使用的话（我的手就比较大，会经常在不经意间碰到快捷键），你就可以换一个握笔的橡胶的套。这样一支很酷的粗笔就出现了。

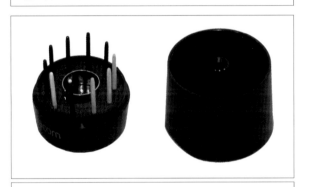

现在很多的厂商都在压感笔产品里提供了替换的笔芯，这些笔芯类型十分的丰富，有磨砂质感，也有弹簧质感的。

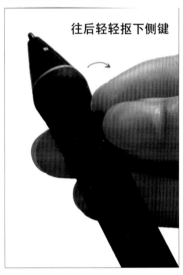

往后轻轻抠下侧键

从2001年到2010年，9年来，我一共使用过5种不同型号的wacom手写板。这些不同性能的wacom产品不但记录了我9年来辛勤创作的历程，也使我与wacom结下了不解之缘。这些使用过的产品，包括9年前那块favo2000，都一直在一个朋友的手里，至今发挥着作用。其经久耐用的质量，给我留下了很深的印象。

为了保护你的数位板，你也需要购买一款专门的外套。这种外套厂家一般是不送的，都是通过网络自行购买。其实，如果板子的尺寸不是很人的话，使用一些笔记本电脑的保护套也是一样的。

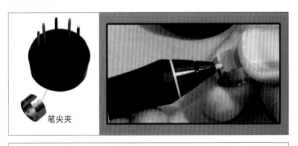

笔尖夹

笔尖的更换也有专门的工具。如果找不到专门的工具，使用牙齿是一个有效的选择。但是切忌使用指甲刀一类过于锋利的工具，一旦你的笔尖断到里面就只有返厂了。

二、购买的误区

不少的同学有这样的误区，认为自己刚开始学习，没有必要买intouse4那样的专业板，于是选购了一些便宜但是却不好用的板子。这样做其实根本帮你节约不了多少的金钱，反而从总的方面来看，你会付出更多。原因在于：

1.即使再便宜的板子也要1000左右，这个和专业板里的中号板，比如影拓4（6×8）比较起来只便宜了1000，并非是像数万一块的液晶手写屏那样让一般的学生望尘莫及。

2.专业板完成同样一张CG创作会大大帮你节约时间，使用专业板画出的线条一笔就OK，使用一般的板子就要3～4笔。这种工作效率上的差别，更会直接导致你的睡眠质量和颈椎的负担加大，我想这笔账就不用帮大家算了。

3.一半专业板用个5～8年都没有任何问题，而非专业板，你用1～2年就一定会考虑换新。原因在于人总是在提高，你的技巧提高了，你的收入提高了，你的工作环境改善了，你都希望在设备上有所更新，这是普遍的心理，谁也逃不了。

三、驱动的下载与安装

虽然在包装里提供了这个无线版的驱动下载，但是有可能版本不是最新的，同时从光盘里直接备份到机器上也会比较麻烦。所以我们通常选择去wacom的官方网站下载一个适合的驱动。

wacom的官方网站地址：

www.wacom.com.cn（中国区站）

www.wacom.com （国际区站）

登陆以后如图所示，点击"相关下载"——"驱动下载"——然后会出现一个产品型号与操作系统的选择。我的系统是windows7，所以就选对应的。

然后我们可以看到两个不同版本的驱动，记得一定下"v6.15-3a"的版本，因为只有这个版本是专门针对无线板的。另外 个是对应普通的影拓板。点击直接下载后，你就能得到一个非常小巧、便于携带的驱动程式。

四、正确的产品设置

要想正确地使用wacom数位板，必须要了解到快捷键设置的重要意义。很多学习者都不会主动地设置快捷键，主要是觉得麻烦。其实他们不了解，正确地设置快捷键，并且主动适应使用它们，不但会让你的工作达到事半功倍的效果，同时更大程度上保护了你的身体健康。这种长时间的疲劳对肩膀和颈椎的肌肉劳损最重，时间长了会引起一系列的不适，这种疲劳积累到了一定的程度后，严重的会造成不可逆转的损伤。

请看图示：

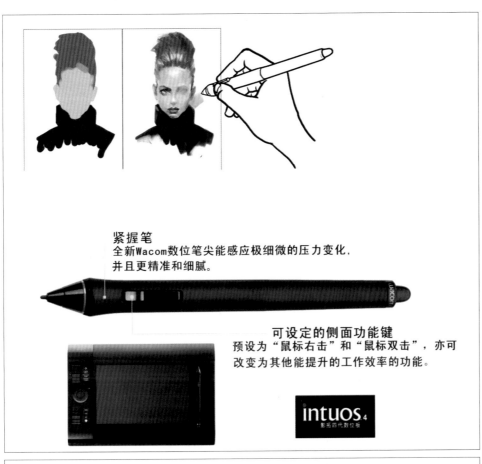

紧握笔
全新Wacom数位笔尖能感应极细微的压力变化，
并且更精准和细腻。

可设定的侧面功能键
预设为"鼠标右击"和"鼠标双击"，亦可
改变为其他能提升的工作效率的功能。

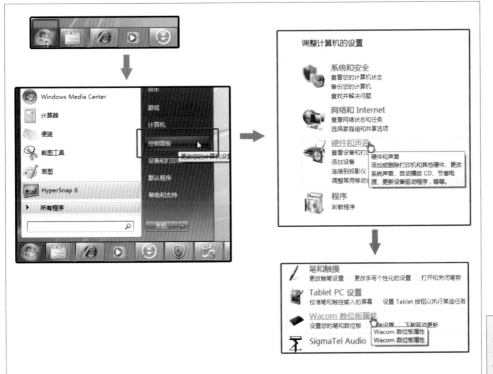

单击开始键选择
控制面板，进入到硬件
和声音设置。其中有
Wacom数位板属性。

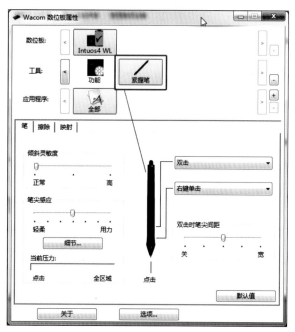

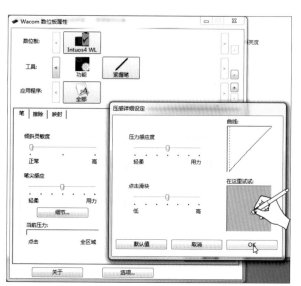

在压力感应区可以测试笔的压力感应。

选择紧握笔可以将笔杆上的快捷键设置成【双击】和【右键单击】。

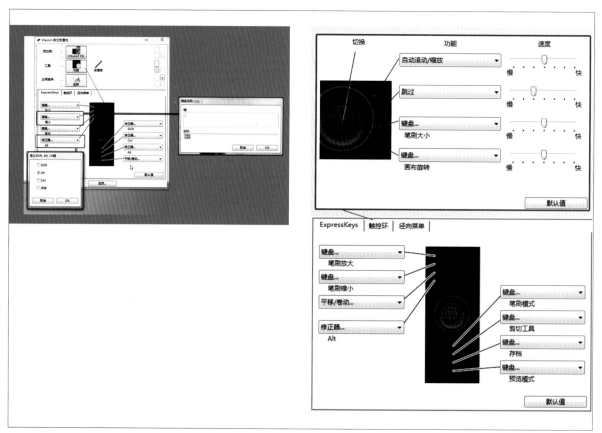

板子上的快捷键设置可以按照如图所示的设置。

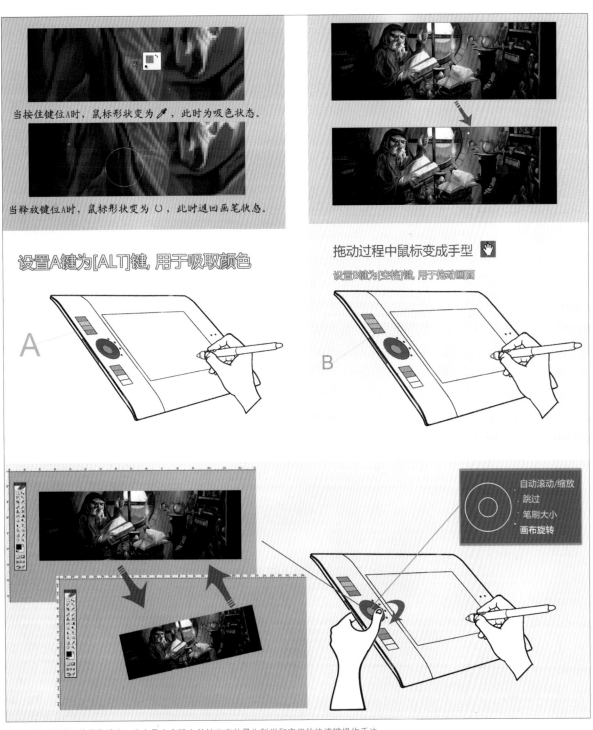

当按住键位A时，鼠标形状变为 🖊，此时为吸色状态。

当释放键位A时，鼠标形状变为 ⭕，此时退回画笔状态。

设置A键为[ALT]键, 用于吸取颜色

A

拖动过程中鼠标变成手型 ✋

设置B键为[空格]键, 用于拖动画面

B

自动滚动/缩放
跳过
笔刷大小
画布旋转

以上是我最常采用的操作手法。这也是在实践中总结出来的最为科学和实用的快捷键操作手法。

第二节 ///// 软件绘画基础知识

一、常见绘画软件大全

CG绘画软件一览

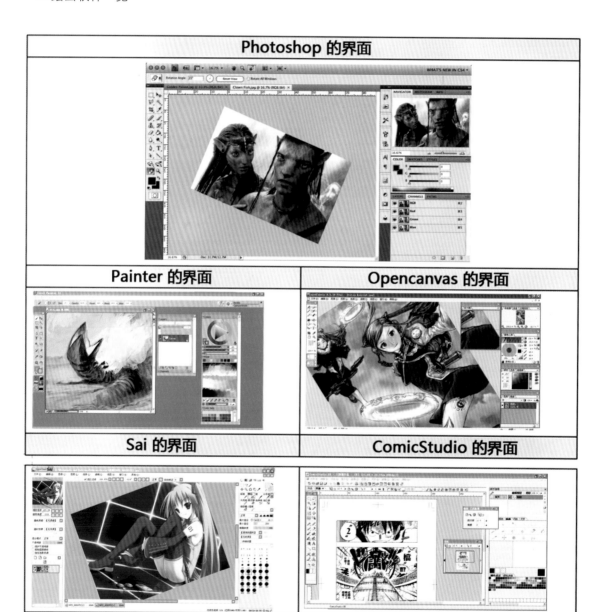

重要的软件知识

Photoshop——功能最强、最灵活

【Photoshop】

它是由Adobe公司开发的图形处理系列软件之一，主要应用于在图像处理、广告设计的一个电脑软件。这可以说是一个最权威、最普及的图像软件，也是所有软件绘画学习者所必备的软件。目前最新的版本是CS5。

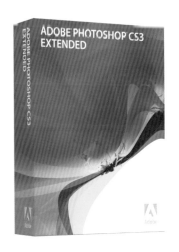

官方网站地址：

http://www.adobe.com/

Photoshop是其他图形软件的基础，而且通用性强、普及率高，因此它是我们必须掌握的绘图软件。

建议各位使用英文版，原因有三：

1.方便使用最新版本；

2.语言各软件通用；

3.更加国际化。

若你使用64位操作系统，推荐CS 4版本。若你使用的是32位系统，就推荐使用CS3以前版本。

由于Photoshop的强大、完善和方便，众多著名CG艺术家都把它作为首选工具。

CG画家Zarahn Southon的作品

韩国网游画家的精美CG作品

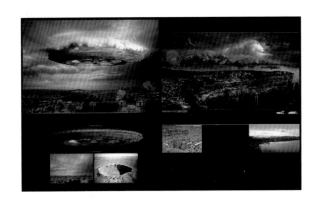

Painter——真实的自然笔绘画效果

【Corel Painter】

是目前世界上最为完善的电脑美术绘画软件，它以其特有的"Natural Media"仿天然绘画技术为代表，在电脑上首次将传统的绘画方法和电脑设计完整地结合起来，形成了其独特的绘画和造型效果。除了作为世界上首屈一指的自然绘画软件外，Corel Painter在影像编辑、特技制作和二维动画方面，也有突出的表现，对于专业设计师、出版社美编、摄影师、动画及多媒体制作人员和一般电脑美术爱好者，Painter都是一个非常理想的图像编辑和绘画工具。

官方网站地址：

http://www.corel.com/

Painter提供了400多种的画笔工具，从油画、水彩、蜡笔、粉笔等一应俱全。

King Theodor of Astoria By Athur

亚瑟CG插画作品《老人的花园》

来自法国阿尔卑斯山的23岁青年。在欧洲学习的专业是翻译，现在在四川艺术大学转攻CG绘画。具有法国人的热情与西方人独立钻研的他很快就在这个领域获得了成果。目前他正在创作属于他自己的漫画故事作品。

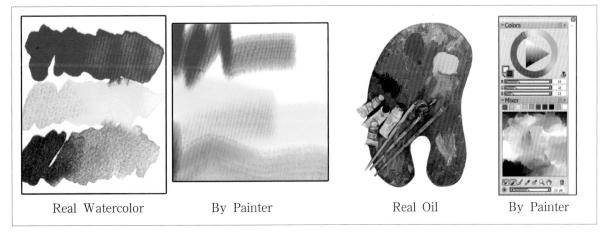

Real Watercolor　　　　By Painter　　　　Real Oil　　　　By Painter

请仔细比较真实的绘画效果与Painter数码效果之间的差别。

Painting Software
OpenCanvas 4.5+

OpenCanvas——精炼版的
Photoshop+Painter

【OpenCanvas】

是日本人开发的专用于动漫行业的一款小巧的CG手绘专业软件，虽然就几兆大小但功能却十分强大，占系统资源小，让用户在使用数位板在电脑上绘图时，就像是在纸上手绘一样，可以画出极为细致的图像，它功能简捷、体积小巧、运行速度快，大家可以很快上手，非常适合入门级手绘爱好者使用。此软件的最大一个技术亮点就是它的event(事件)功能，可以对创作过程的每一笔每一画进行记录，记录绘画的整个过程（有点类似Photoshop的动作记录）。

官方网站地址：

http://www.portalgraphics.net/

由于完善而精炼，对电脑配置的要求较低，OpenCanvas现已成为不少CG画手的必备软件之一，日本的CG画师尤其钟爱它。

其特有的同步录制绘画过程功能，让许多CG爱好者更方便地交流绘画技巧，在OpenCanvas的官方网站有大量作品绘画过程供大家欣赏。

Easy Paint Tool SAI

SAI——最小巧的日系插画能手

【PaintTool SAI】

Easy Paint Tool SAI，简称SAI，是日本SYSTEMAX公司开发的绘画软件，特点是免安装、相当小巧、操作简易，最让人称道的是SAI有强大的手绘抖动修正功能，使用它能画出相当流畅的线条。另外，SAI有单独的钢笔图层，方便使用者对线条进行独立编辑。

该软件在有名的《数码绘的文法》中有相应介绍，初音的某人气同人画手也惯用它。无论是赛璐璐CG风还是水彩风用SAI都能很好地表现。

官方网站地址：

http://www.systemax.jp/en/sai/

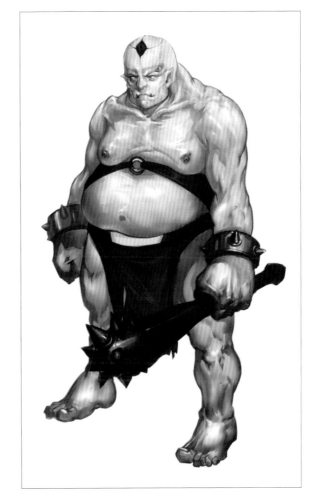

让人感动流泪的手抖修正功能！有效地改善了用手写板画图时最大的问题。（终于能画出完美的直线……）

从软件PaintTool SAI的名字可以看出，它几乎是一个简化版的Painter。据说日本的很多漫画插画大师使用这个软件。该软件的线条功能配合二值笔也可以代替ComicStudio绘制漫画线条。可以任意旋转、翻转画布，缩放时反锯齿。强大的墨线功能。

笔刷的设置也是相当详细的哦。工具变换这项功能也很贴心，例如长按着E会暂时变成橡皮擦，松开后又变回画笔，快速按键则切换工具。

Easy PaintTool SAI，笔刷图案丰富逼真，笔触更直硬一些，适合漫画爱好者使用，而且占用空间小，对电脑要求低。

矢量化的钢笔图层，能画出流畅的曲线并像PS的钢笔工具能有任意调整。

ComicStudio——漫画界的Photoshop

【ComicStudio】

是日本Celsys公司出品的专业漫画软件，它使传统的漫画工艺在电脑上完美重现，使漫画创作完全脱离了纸张，给漫画教学节省了大量的费用。由日本CELSYS株式会社发表的全球独一无二的、基于无纸矢量化技术的专业漫画创作软件。

ComicStudio完全实现了漫画制作的数字化和无纸化。从命名到漫画制作的整个过程，都是在电脑上进行的。

官方网站地址：

http://www.comicstudio.net/

"世界树迷宫"的设定制作大量使用ComicStudio
类型：角色扮演游戏
发售厂商：Atlus

ComicStudio制作集中线很方便

二、如何学习软件

软件学习的关键在于实践，使用时注意扬长避短，软件就能成为你CG绘画的利器。

每个CG创作人员的创作习惯、实际情况与行业要求不尽相同，因此使用哪些软件进行创作也是按实际情况来考虑。而在软件学习中，有以下几条是需要我们特别注意的：

"切忌面面俱到"是最重要的一条。为什么呢？因为1996年至2010年，3ds max先后推出了十多个版本：3D Studio MAX 1.0、3D Studio MAX R2、Discreet 3ds max 4、Discreet 3ds max 5、Discreet 3ds max 6、Discreet 3ds max 7、Autodesk 3ds Max 8、Autodesk 3ds Max 9、Autodesk 3ds Max 2008、Autodesk 3ds Max 2009、Autodesk 3ds Max 2010……

因此想学完所有软件是不现实的，打算全面精通一个软件也是没必要的，如果追求"面面俱到"，只是在用青春去见证软件的更新换代。

必须掌握的软件	
Ps ADOBE® PHOTOSHOP® CS3	
选择掌握的软件	
Corel® painter 11	Easy Paint Tool SAI
COMIC STUDIO 4.0	openCanvas 4.5+

其他位图软件，从功能到面板设计几乎都是从Photoshop衍生出来的，所以我们只要熟悉了Photoshop的操作，对其他位图软件的学习也就变得简易多了。

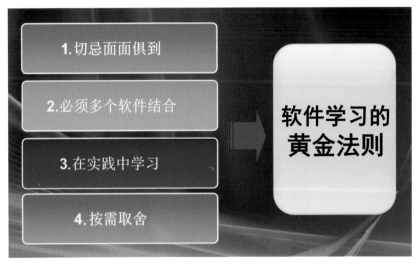

1.切忌面面俱到

2.必须多个软件结合

3.在实践中学习

4.按需取舍

软件学习的黄金法则

与本节有关的名词注释

【位图与矢量图】

位图软件和矢量软件有什么区别呢？用通俗的语言来解释，位图软件是用于处理位图图像的软件，矢量软件是用于处理矢量图像的软件。位图是由无数微小的色彩方块组成，矢量图由独立的线条与形状组成。也就是说，放大一张位图可以看到无数个马赛克，但是矢量图却可以任意放大而不影响图像品质。

但是，在表现图像中的阴影和色彩的细微变化方面或者进行一些特殊效果处理时，位图是最佳的选择，这是矢量图无法比拟的。

【ADOBE公司与 Photoshop的诞生】

"Adobe"，译为"泥砖、土坯"。

美国Adobe公司，是著名的图形图像和排版软件的生产商。

几乎所有图像，无论是电子档还是印刷图片，都是通过 Adobe 软件创建或修改的。

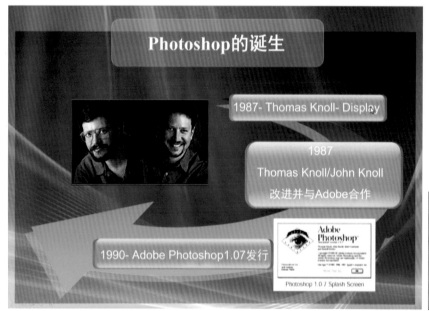

Thomas Knoll在1987年写了个叫作"Display"的程序，这个就是Photoshop的前身。他的兄弟，当时任职于电影特效制作公司"工业光魔"的Jhon Knoll，不久后便和他一起改进这个软件，并命名为Photoshop。1988年，Knoll兄弟与Adobe公司合作，Photoshop的1.0.7版本于1990年2月正式发行。

千里之行始于足下。

如果没有基本的绘画技能，CG绘画便不能进行下去。

所以本章的两个部分是所有CG学习者所必须掌握的基础技巧。

如果你在这两个方面有欠缺，

请一定要练习到守关为止，否则后面的进阶项目你很难适应。

lorland.chain

CG插画全攻略

基础篇

第四章／软件绘画基本技能

第四章　软件绘画基本技能

　　千里之行始于足下。如果没有基本的绘画技能，CG绘画便不能进行下去。所以本章的两个部分是所有的CG学习者所必须掌握的基本技巧。如果你在这两个方面有欠缺，请一定要练习到过关为止，否则后面的进阶项目你很难适应。

第一节　///// 线稿的描绘

　　使用软件描绘线条是所有软件绘画的基础技能，如果连描线都不能达到标准，可以说后面的一切技法都白谈。不少的网络CG爱好者在刚开始学习的时候，就以酷炫的颜色渲染为主要的学习目标，这是非常错误的。因为线条是一切造型和细节刻画的起点。我们可以通过比较下面两张作品来识别到底是线条更为重要还是颜色的渲染更为重要。

学生：李戈夫

学生：邹潇

软件绘画基本技能

一、线稿绘制的黄金法则

线条的绘制在忽略掉软件操作的部分后，我们首先必须掌握的是线条组合的基本法则。这些基本的法则其实非常简单，但是需要我们实实在在地掌握。每次当你绘制线稿的时候都想着这些简单的基本法则，久而久之，日积月累的训练后，你就能把这些法则真正地融入到你的条件反射中，无论怎么画，无论画什么都能不自觉地体现出这些法则所带来的美妙的画面感受。这也就是为什么"近大远小"的透视法则几乎人人都懂，但是真正能在绘画里面表现得恰到好处的人，却是凤毛麟角。**因为单**纯的知识学习并不能真正提高你的画技。只有条件反射形成了才能改变你的画面效果。

在下图中我们可以看到线条处理的两大基本法则：

1. 线线相交要加粗
2. 边线要比内线粗

除了粗细的法则外，还要意识到线条要分为"**阴线**"和"**阳线**"。"阴线"不代表人体结构，而"阳线"紧贴人体。一般是一截"阴线"一截"阳线"，类似音乐般的节奏。我在如图所示的范例里面可以看到两种常见的"阴阳线"的表现错误。

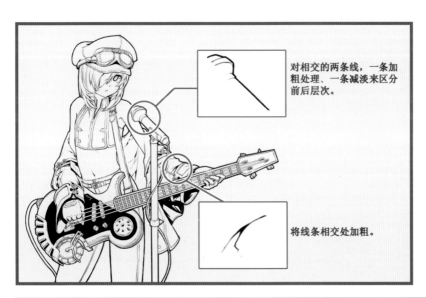

对相交的两条线，一条加粗处理、一条减淡来区分前后层次。

将线条相交处加粗。

平行线错误　　　相等线错误　　　合格

如果要使用Phtoshop勾勒出如图所示的线稿，我们必须了解在Photoshop里使用什么样的笔刷和相关的设置能产生出铅笔的效果。一般我们勾线选用Photoshop自带的19号笔或者别的比较朴实无华的笔刷，这些笔刷不要让其像素（Pixel）超过4，这样随便我们怎么画都会有铅笔的质感。同时别忘记不透明度（Opacity），保持100%。

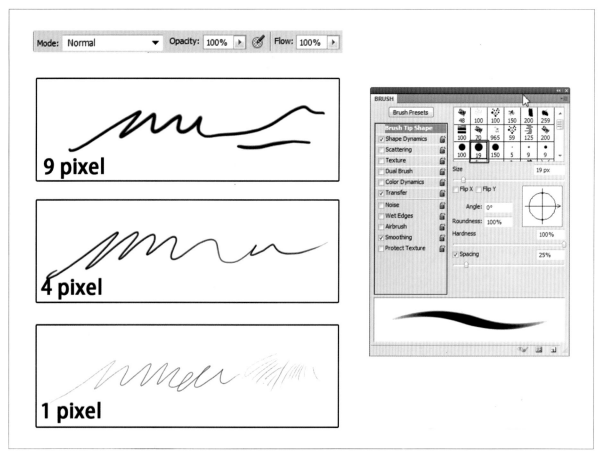

二、标准的绘制过程

修形与描线的要领

任何线稿的绘制，都需要做个简单的底稿。这个底稿需要精致，只需要随心所欲地勾勒出一个大形就OK。线条保持前面的设置参数，用反复的线条加强形体关系，不需要做刻意的修改，因为造型的流畅度是非常关键的。

在软件里绘制线稿的另外一个主要的诀窍是：绝对不要修改错误的图层，一旦你发现这个阶段需要修改的时候，就新建立一个图层，然后把下面那个图层的透明度给调低，这样罩着下面的图层，重新绘制一个新的画面，这样的好处不但可以节约时间，同时可以增加线条的层次感（因为反复的叠加产生了线条的层次感）。

衣纹的用线与画法

如果在软件里绘制衣纹，也别忘记了使用"S"型的线条来表现布纹的变化。只不过，这种S型不是固定不变的，而是需要做出各式各样的变化。

如图，我们可以看到披风的布纹边缘所产生的S型的变化。

Even the most complex folds are born by a "S"

任何一个布状的物体都有正反两个面需要表现，特别是当披风漂浮起来的时候，这种表现显得尤其重要。一个描绘得很糟糕的布，往往就是没有表现出正反两个面的合理关系。

在右边的图示里，我们可以看到如何表现这两个面的过程和思路。使用折线来描绘也是绘制衣服纹理的诀窍之一。

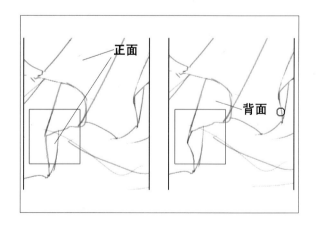

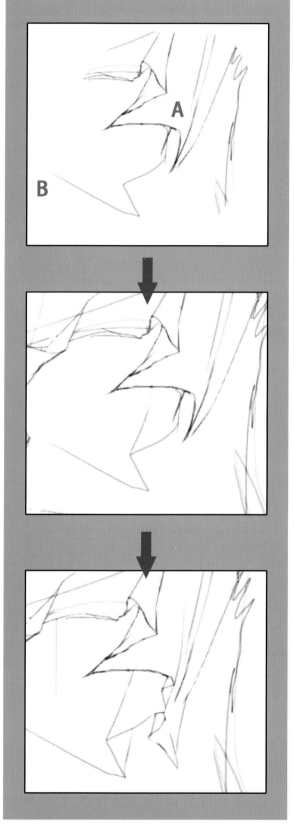

线条的加工与处理

　　然后我们逐步地对模糊而粗糙的线条进行加工。这种加工必须有意识地进行。比如说你的重点是表现出老虎的头部和眼神，那么你描绘的着眼点就得围绕这个部分来进行。最深的线条和最肯定的线条都集中在这个区域，当然你也需要仔细地区别出牙齿的线条和毛发的线条在表现上各有什么样的不同。

　　不断地加以练习，这样日积月累以后，你就能获得类似直觉一般的画面线条处理能力。

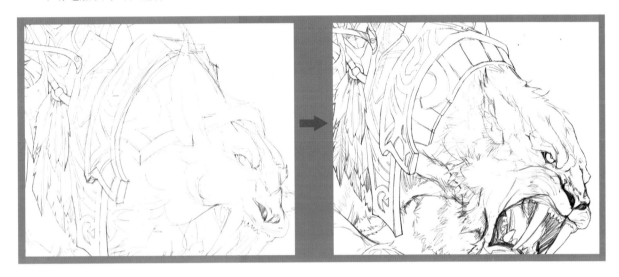

　　当使用软件完成了线稿的绘制以后，我们的工作还没有彻底结束。紧接着要做的就是对已有的线稿进行加深处理。这种加深处理需要使用【Ctrl】+鼠标左键点击线稿层，选择出整个线稿层，然后按【D】键，把前景色和背景色调整成黑白，最后我们使用【ALT】+【Delete】进行填充，得到的线稿会比最开始的状态要清晰很多！

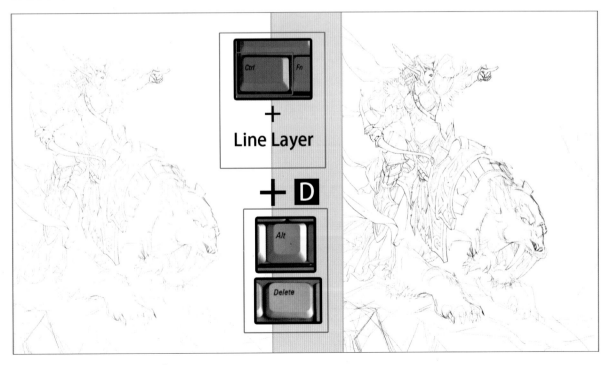

软件绘画基本技能

有了这样清晰的线稿，我们接下去完成的工作就会变得有条不紊。我们可以看看完成稿子的精美程度。

软件绘画基本技能

常见的错误

使用软件绘制线稿的训练目的有两个：一是熟悉软件和压感笔的使用；二是练习基本的线条造型的规则和方法（比如前面讲的线条的基本原理）。所以这些常见的线条错误包括画面不整洁，线条的几何关系经不起推敲，表现金属的线条需要光滑而具有坚硬感等。如果把一个本该坚硬的物体绘制成橡皮泥的感觉，那么线条的流畅度本身就需要打个问号。

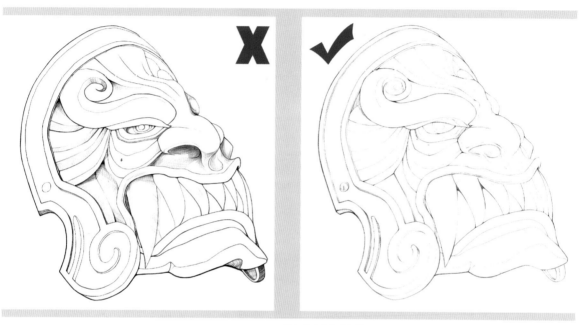

线条干净整洁的问题

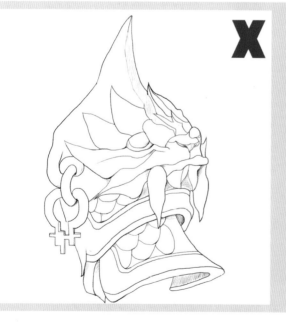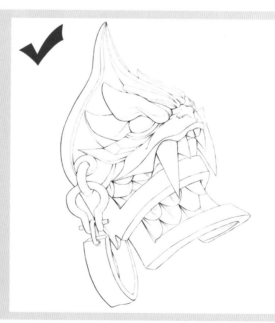

线条软硬的问题

三、优秀线稿作品赏析

在接下来的部分里，我们选择一些优秀的学生线稿作品来给大家欣赏，希望大家能从欣赏中体会到一些对学习有帮助的东西。

学生：何一鸣

学生：何一鸣

学生：陈婷

学生：韩磊

学生：陈婷

学生：韩磊

学生：喻丹

学生：喻丹

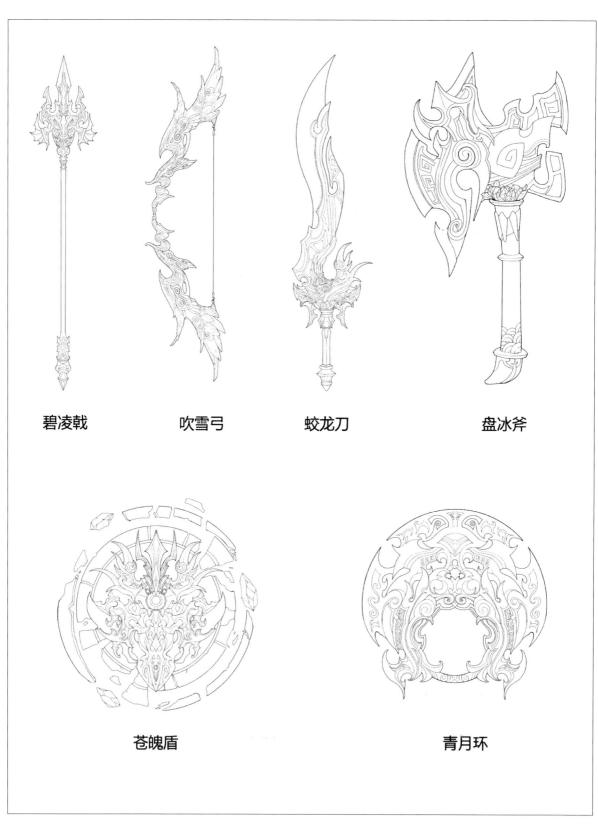

碧凌戟　　　　　吹雪弓　　　　　蛟龙刀　　　　　盘冰斧

苍魄盾　　　　　　　　　　青月环

学生：喻丹

第二节 ////// 分层线稿上色法

分层线稿上色法是CG绘画上色法中最为基础的方法。但是它同时也是最为万能和实用的方法。一个集"**基础,实用,万能**"于一身的方法可以说是所有的CG学习者的必经之路。因为以后的任何复杂的技法都是在它的基础上演变或者发展起来的。同时,更为重要的是,这个方法对于CG思维的训练是最为全面的。那些几乎没有软件基础的学生,经过这个方法的学习,都顺理成章地掌握了Photoshop的使用技巧,但更为重要的是,他们的思维也在学习的同时变得更加科学和严谨。

在如图所示的范例里,我们可以看到"分层线稿上色法"的基本思路。值得注意的是除了"**线稿的描绘**"和"**阴影色块的描绘**"这两个步骤需要一些美术造型的能力外,其他的步骤几乎都是没有什么技术含量的。但是从前到后,我们却又发现画面发生了惊人的变化。这就是这种方法的威力,把复杂的工作简化成人人都可以做到的步骤,这样初学者只要按部就班地实践,就能达到意想不到的效果。

当然,除了步骤外,我们首先要明确的是"分层线稿上色法"的基本图层规范。

一般创作在三个范围的层次上进行。最后面是【背景】,代表着那些可以被替换的背景图案,之后是【色彩层】,是人物身上所有的衣服和皮肤的颜色的层的集合。最上面的层是【线稿层】,这是我们最初完成的轮廓。

一切的上色层都是在线稿层和底色层之间进行的。

背景层 色彩层 线稿层

提取线稿 ➡ 分层填色 ➡ 阴影色块 ➡ 过渡与加补色 ➡ 贴材质

　　同时，在动漫游戏的人物设计里，我们往往需要同一个人物变化出不同的色调，所以这种标准的"分层线稿上色法"就变得非常实用。由于我们采用的是分层上色，所以，我们可以随意改变各层的颜色，这样我们可以调配出许多种不同的风格。

以上是一些分层线稿上色法的例子，大家可以看看它们的效果。当然，这种方法是可以完成除这些范例以外的很多效果的，在以后的实践中，你们就能不断地发现。

一、线稿的选取

说起线稿的来源问题，我们可以回顾一下前面一讲的内容。但是一般来讲，线稿可以通过"扫描铅笔线稿"和"在软件里直接绘制线稿"得到。

至于线稿的具体要求，这里就不再重复，前面一部分的内容里有详细的说明。

-线条的来源-
How to make line art

1 扫描铅笔线稿 (Scan the line art)

2 直接绘制线稿 (draw in software)

如果是从铅笔手绘直接扫描进电脑里的线稿处理，那么就必然会面临一个线稿的提取问题。

因为我们不可能在线稿上直接绘画，那样的话会破坏掉线稿，并且让画面变得不可修改。

有些耍小聪明的同学就直接在原始的线稿上，新建【正片叠底层】。但是那样的话，如果我们要更换背景该怎么办呢？

所以我们必须要把线稿单独"抠"出来，作为一个独立的图层放到最上面。

这样随便我们怎么画颜色都不会干扰到线稿。

提取线稿的方法有很多。这里只介绍一种这些年来我一直在用的方法。

这是一种最为快捷，并且不容易出错的方法。

具体操作步骤如图所示。

如果你有Photoshop的操作基础，那么很容易明白这些快捷键组合的含义，如果不明白查阅一些相关的资料也不难找到。

需要重点说明的是：

1. Q是代表【快速蒙版】，不断地点击它能够看到前景色和背景色变化成黑白的效果。

2. 【Ctrl+Shift+I】是反选选区的意思，这个命令也可以在选择面板里找到。

3. 最后一步操作反复两到三次的原因是加强选择出来的线稿的颜色，这样可以让线稿变得更加清晰。

经过熟练度的训练后，提取一个线稿的时间是15秒。

提取出来的线稿如果我们仅仅是使用普通【Normal】模式来与下面的图层叠合的话，就会出现如图所示的难看白边，这个时候我们只需把模式从普通【Normail】变化为正片叠底【Multiply】就可以改变这个局面。

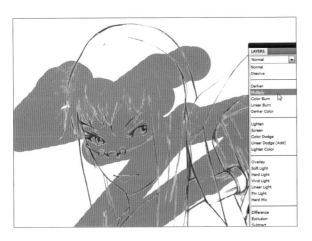

线稿的处理还有一个重要的环节就是改变线稿的颜色。

因为我们通过观察可以发现，大部分的CG画其线稿都不是纯粹的黑色，往往是偏黄或者偏褐色，这样的线稿更利于和后面的色彩融合。所以我们需要通过色彩调整面板。

【Ctrl+U】来改变线稿的颜色。值得提醒的是，如果你拖动滑竿【Hue】和【Saturation】都发现颜色改变不大，那就把最下面的滑竿【Lightness】往右边拖动，这样就会产生变化了。

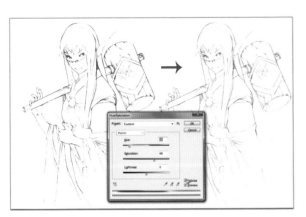

二、上色的标准步骤

所有的上色都是从皮肤开始的。因为皮肤在最下面。如图所示合理的图层关系结构。

从最底下的图层开始绘画是为了节约不需要的边缘处理时间，比如脸部与头发交界的部分我们就可以随便地画出界，然后再新建图层画头发，这样就可以直接把难看的边缘给覆盖掉，如果你先画的是头发，那会涉及修正边缘，那是一项很痛苦的工作。

图层的前后关系明确尤其要注意的是先画皮肤

请仔细地为每个部分的图层命名好名字。这样，图层多了以后我们查找会变得非常容易。

现在我们来看看科学规范的图层关系结构。

A–是线稿，单独罗列一层在所有层的最上面。

B–是所有的颜色层，包括头发、衣服、皮肤等。

C–背景。

请严格地执行这样的图层关系，否则作为一个初学者，很难走得比较踏实。下面我们就看看详细的上色步骤。

首先我们从最底下的层次开始着色。最下面的不就是皮肤和人物手甲的木槌吗?

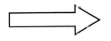

之后我们开始画衣服的黄色。

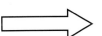

头发由于在最表层,是我们最后才考虑完成的部分。

值得特别注意的是，在选区内绘画，不易画出边界。

按着Ctrl同时单击图层，载入选区。

【Ctrl+H】隐藏选区边线。

三、色块的划分要领在使用分层线稿

上色法的过程中，我们意识到如何合理地划分色块的区域以及确定它们的疏密关系是一项至关重要的工作。能否正确合理地划分色块，代表了一个画者的造型意识的强弱。如图所示，这张来自世嘉公司著名游戏《梦幻模拟战》的插画以赛璐珞风格完成，虽然它没有现在的CG作品那样的丰富层次和强烈的光源表现，但是使用这样的风格作为范本是最适合初学者的。

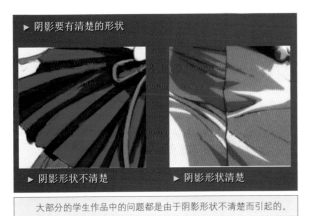

▶ 阴影要有清楚的形状

▶ 阴影形状不清楚　　　　▶ 阴影形状清楚

大部分的学生作品中的问题都是由于阴影形状不清楚而引起的。

○ 受光部
○ 背光部
○ 明暗交界线

　　上色技法中最基本的并不在于色彩多么的丰富，而是对于光影和素描关系的把握。那么同学们在画物体光影的时候，往往搞不清光影的具体形状该如何分布，如何刻画，这就造成了画面光线不集中，总体给人一种散乱的感觉。

　　那么要想画好光影，首先我们要知道光影是如何产生的。

　　当光线落在物体形状上，从而按照逻辑关系创造出了光和影，也就是物体的黑白灰。虽然听起来很简单，但对于我们画好光影还是很重要的。

　　那么我们在分析的时候就要从以下这两点去分析：

　　1.光与影的分布；

　　2.光与影的形状。

　　我们可以由光影的分布确定光源是从左上方打下来的。

　　一开始我们可以把身体归纳为一个圆柱形，由于确定了光源，于是在圆柱体上得到了这样一个光影，然后我们把得到的光影直接附着在衣服上。

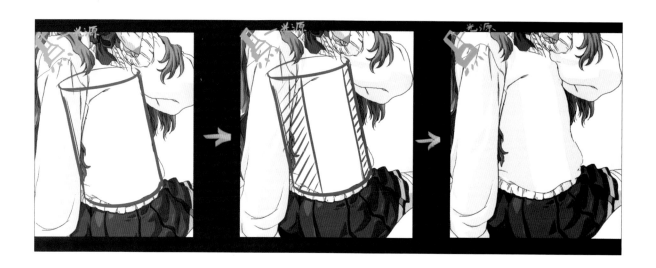

　　接下来我们把衣褶的受力点找到，然后再分析一下衣服里面的形体结构。

　　胸腔与胸部的结构，可以归纳为最简单的几何形体去理解，那么有了这些形之后我们就要按照这些形体在衣褶上起到的作用画出与之对应的阴影（画衣褶时要注意：先画出能表示形体的主要衣褶，其他辅助的衣褶可以在画出主要衣褶后再进行适当的添加）。

　　接下来我们要做的就是把明暗交界线打破，打破时我们使用不规则的三角形或四边形进行处理。

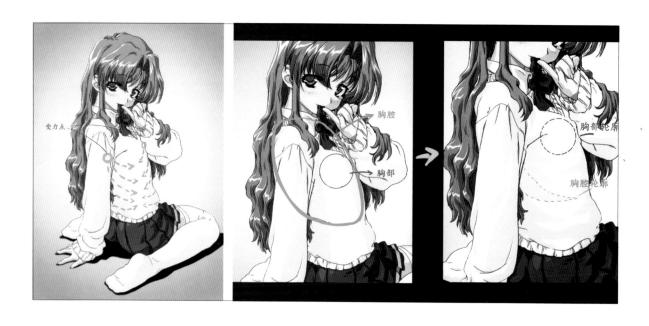

目前衣褶的形状还是显得人过生硬，所以我们要再次给它破一下，画的时候要注意尽量不要出现重复的形状。破的时候可以如上图一样把虚线以外的地方直接擦掉，让阴影的形状尽量显得不规则但又比较自然，现在我们基本上就得到了一个比较准确自然的衣褶走势及形状了。

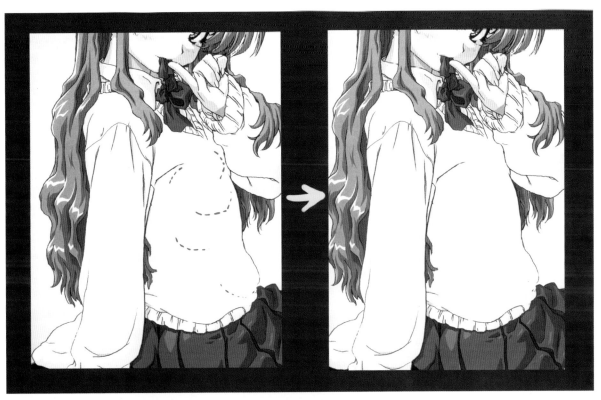

接下来我们看一下头发的光影画法。

依然如身体的光影画法，我们先把头发归纳成简单的半球体去理解，然后把它分为三个面（高光，灰面，暗面）。

然后把这三个面画出来。

然后再以不规则的四边形和三角形把明暗交界线处打乱。

接下来把刚才画出的阴影的形状修饰一下，使其显得更自然，阴影基本就画好了。

画高光时先把高光的走势及其分布以一条线表示出来，在破高光的时候通常以大小长短不同的v字形来表示。

而v字形的大小及长短通常以头发所分的组的宽窄而定。

不规则四边形

不规则三角形

由于光影的形状极不确定，我们在画的时候就可以把它们归纳为不规则的三角形和不规则的四边形，也就是把大小不等的三角形和四边形根据形体的走势及光照的变化进行组合。

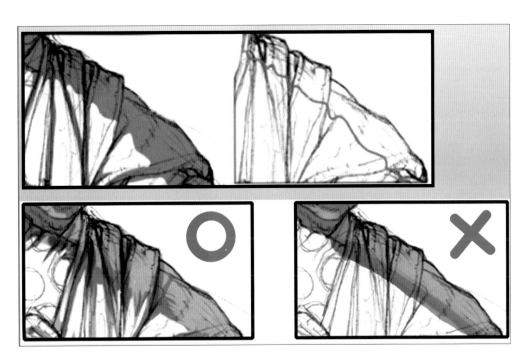

衣服的褶皱在分层的时候一定要顺着衣纹的起伏走。

总结起来，要想合理地分色，就必须要把握好以下几个关键的要素：

1.光源的方向和投影的表现。

2.色块的形状，一般不是菱形就是三角形。

3.不能有雷同的形状或者大小。

你也可以尝试使用提供的线稿进行分色训练，要求分别按照顶光、底光、背光、四分之三侧光，完成4个不同的分色图。

动漫角色的绘制是所有CG绘画的基础

如果你连一个起码的动漫人物都无法设计比

那么你就应该踏实地学习学习本章的相关内

新时代的插画艺术与旧时代的是不同的，基本上都是卡通文化背景的派生

所以，掌握动漫角色的绘制方法和制作流

对将来走上更加写实的风格，奠定了坚定的基

lorland.chain

CG插画全攻略

基础

第 五 章 / 动漫角色的绘制

第五章　动漫角色的绘制

　　动漫角色的绘制是所有CG绘画的基础。如果你连一个起码的动漫人物都无法设计出来，那么你就应该踏实地学习学习本章的相关内容。

　　新时代的插画艺术与旧时代的是不同的，基本上都是卡通文化背景的派生物。所以，掌握动漫角色的绘制方法和制作流程，对将来走上更加写实的风格，奠定了坚实的基础。

　　国内不少优秀的CG画家在早期都是以日式的卡通风格为主，到了后期才逐步过渡到写实主义的欧美风格。这是为什么呢？原因在于日式风格是目前最利于初学者上手学习的风格。再厉害的人，也有当菜鸟的日子。所以对于学习者的忠告：不要盲目排斥以线条为主的日式风格，如果你将来想画出厚重扎实的欧美CG，那么你现在就得从日式入手。

第一节 ///// 肖像的绘制

一、肖像的绘制概论

1.概论

　　所有的动漫角色的描绘都是从头部开始的。这是一个非常可观的视觉规律。人的目光的焦点最早聚集的地方就是人的面部，所以如果不能熟练掌握住面部的画法，那么其他的部分都无从谈起。这章的内容就是告诉我们面部画法的各种规律和常用的软件技法，使学习者能够相对快速地掌握其中的关键点。

　　绝大多数成熟画家的早期创作都是从头部开始的。一个精美而传神的面部刻画能够在很大的程度上激发一个创作者的灵感和创作的动力，所以对于初学美术的人来说，画好一个头部比什么都重要。

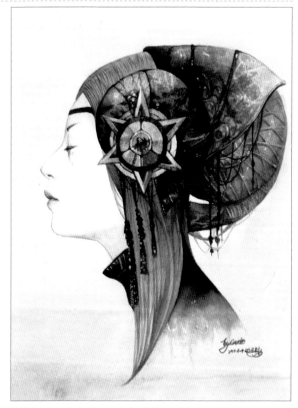

歌剧院女神　完成时间：2004年　模特儿：李新

玫瑰女剑客，创作于2003年冬

创作于大学期间的头像组画，其灵感来源都取材于现实生活。

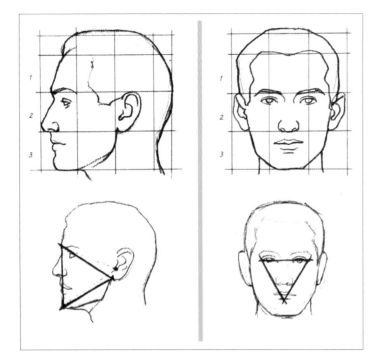

首先，我们对于人的面部的基本比例必须谙熟于心。通过观察左边的示意图，我们可以看到五官的每个部分的相对尺寸和位置关系，我们尽量使用简单的几何形体去衡量其中的形状，比如从侧面看人的面部，额头到耳根到下巴的连线就是一个等边三角形。这种观察法不但对于真人有效果，对于动漫造型也是一样。

但是值得注意的是即使同为动漫造型的作品，风格不同的话，形体比例上的差别也是很大的。

在学习CG头像的描绘的时候，我们要注意不断地掌握各种头像的微妙变化。如图所示，不同年龄阶段的人物的比例变化，以及表现面部特征的关键性的线条，

From 《Drawing and Portraits》

这些是我们在学习的时候不可忽视的元素。

　　有很多的同学没有经常做这样的对比，他们仅仅停留在对通用比例的了解上就浅尝辄止，其实这样的比例对比才能最终真正形成你的生动有力的面部造型能力。

　　除了点与点的位置关系外，我们还需要掌握的是每个部分的体积的画法。如何表现才能充分地展示出对象的体积感和空间感。

　　我们在学习的时候也可以仿照图示那样，对一些经典的作品进行分解，然后我们再理解起来就不难了。这种方式被称为"几何分析法"，是一种行之有效的人体造型学习法。

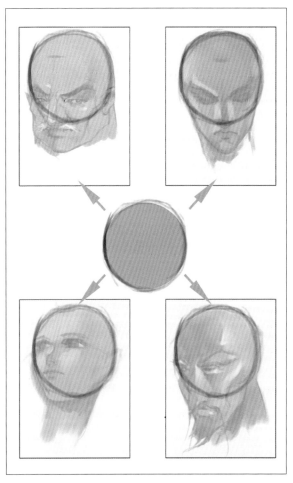

那么第一关键是什么呢？就是把任何的头部画法都看做一个简单的圆形。无论是美女还是大汉，都是从一个圆形开始，我们所要改变的不过是下巴的长度而已。这是一种非常简单的概括法。

2.基本的绘制步骤

我们打开Sai，选择一种叫"**笔**"的数字水彩画笔，先如图所示，刷几下实验下效果。这种数字水彩笔的效果和Painter里带的Simple Water画笔极其相似，要不怎么说在绘制卡通角色方面Sai可以完全取代Painter呢？接下来，所有的绘制过程我们都是使用这种画笔展开的。

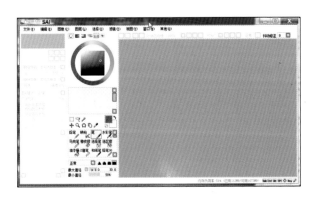

　　首先是区别出暗部和亮部的区域。这种区别主要是冷暖上的，而不是深浅上的。有些人一画暗部就是黑色，这种观点就是错误的。应该以补色的观念来描绘暗部。因为大部分的面积是黄色的，所以我们逐步在暗部里面加入的是蓝色和紫色。

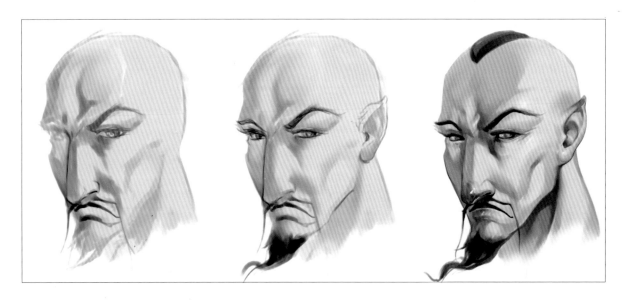

　　线条是在色块关系成形的基础上再逐步加入进来的。这种直接画法在程序上可以把线稿放到后面的步骤进行。同时记得让人物的眼神盯着观众看，这样给观众造成的视觉交流的震撼感会非常强烈。这也是一种绘画中的宝贵经验。

3.肖像表现的基本法则

　　我们仔细观察一下修改前和修改后的两个头像各有什么不同。总结起来无非就是特别注意以下几个地方：

　　修改前人的面部没有经过化妆。何为化妆？大家肯定都见过卸妆后的美女吧，这样的照片在网络上非常之多。这说明了，化妆对于一个人的美化的重要性。化妆究竟是做哪些工作呢？其一是一定要"勾眼线，上眼影，挑眉角"，大家可以看看在修改过的作品里面，看到这些工作是如何体现的。

　　除了化妆外，修改过的作品还强化了细节的形状。什么是形状呢？就是我们在修改前的作品里，对于很多部分的感受都是模糊的，但是在修改后的作品里，暗部、亮部、投影、发稍等部分都变得清

晰可见了。

　　另外，矫正不正确的透视关系，比如修改前的图在嘴巴、鼻子等五官的刻画方面都存在着诸多的透视错误，在修改后都得到了不同程度的矫正。同时，面部的光影的分界线也变得清晰可辨了，这些变化都是刻画人物面部的时候不可或缺的重要要素。

二．肖像绘制入门

1.SAI的基本运用

这个教程是所有的头像绘画教程中最简单的。我们采用SAI来进行绘制，也充分展示了它的简单。

我们采用固定的颜色，如图所示的RGB值来绘制大面积的皮肤。这个颜色大家可以记忆下来，在某些情况下，这些记忆的颜色可以帮助我们快速地绘画。

建议大家拿起数位笔，按照我的步骤一步一步地来一遍。

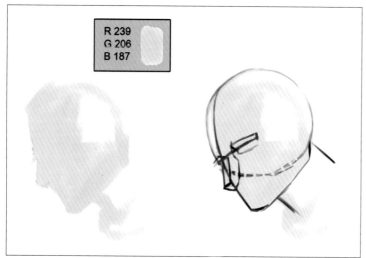

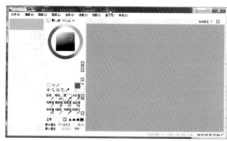

打开"Sai"在里面直接绘制出一个大的轮廓。我们可以采用前面所提到的观察法来开阔头部的形状。

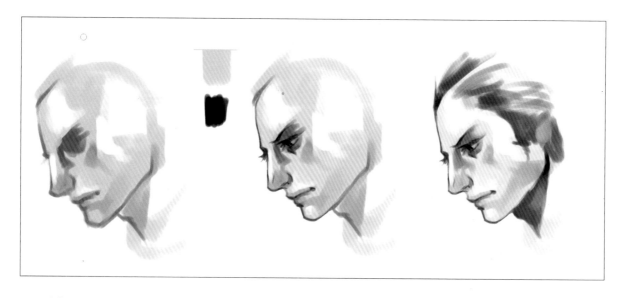

我们仅仅使用两个颜色来完成整个脸部的刻画，要知道很多微妙的颜色变化是靠压感笔的轻重感应来完成的，绝对不是每次都去选色。所以选择一款可靠的压力感应笔是学习CG的关键所在！

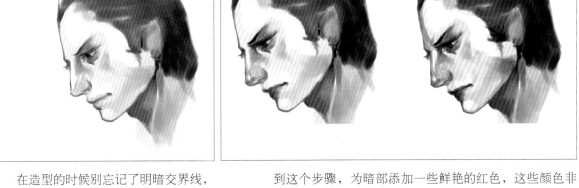

在造型的时候别忘记了明暗交界线，投影、眼线等部位的刻画，这些要素是我们学习美术的画家必须具备掌握的基础技能，也是软件所不能代替的基本能力。

到这个步骤，为暗部添加一些鲜艳的红色，这些颜色非常关键。一方面，它们可以让画面的润色效果变得明显；另外一个方面也使得枯燥乏味的暗部具有了透明感和生命力。只不过同样的红色在不同的区域表现出的是不同的含义。在眼角表达的是眼角丰富的末梢血管，而在面颊则变成了腮红，到耳根就变成了反光，仅此而已。

[Delete]键 逆时针旋转

[Insert]键 逆时针旋转

在SAI里我们可以通过【Delete】和【Insert】键来旋转画面。因为电脑屏幕不会旋转，而有时我们需要旋转画面来适应不同方向的用笔。

在Photoshop里就没有快捷键旋转画面的功能，你只能使用Wacom的Intouse4数位板中的旋转键来实现，具体操作可以参考相关的产品说明（注意只有在PhotoshopCS3以及更高版本才能使用数位板旋转画面）。

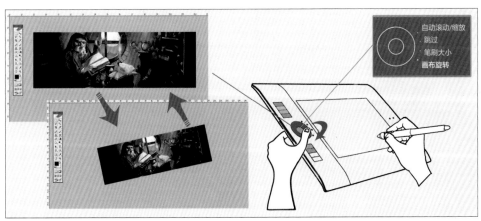

自动滚动/缩放
跳过
笔刷大小
画布旋转

如图我们完成了第一张人物肖像的绘制，绘制时间在1个半小时左右，属于速写性质的作品。

2.人物的色彩表现

在这个教程里，我们绘制了一个精灵的形象。这是我最为钟爱的卡通造型了。唯美，优雅，纯洁，具备了很多完全不同的女性美在其中。下面我们就如何绘制这个形象的要领做一些深入的讲解。

大形我们还是从一个基本的圆形开始，这是所有面部的基础。注意中间的十字线，这是五官的轴承，一点都不能错，否则五官是扭曲的。在这个步骤里注意眼角与眼角的一一对应的透视关系。

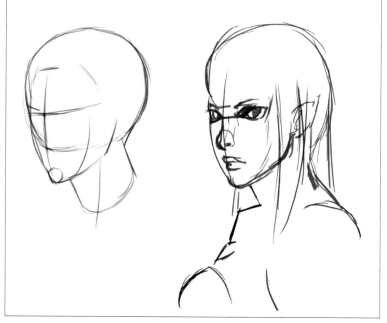

　　《罗德斯岛战记》里的白精灵"迪德莉"是一切白妖精的始祖。几乎所有的动漫造型里的白精灵的形象都开始于此。从这个现象也可以看出卡通造型的相互承接与借鉴性是很强的。

　　《罗德斯岛战记》是著名奇幻作家水野良的巨作，描述了一个欧洲神话般的奇幻故事。魔神战争结束后三十年，马莫皇帝贝鲁特率领暗黑黑骑士和魔兽大军，迅速攻陷卡诺王国，向神圣王国瓦利斯进军，罗德斯岛烽烟再起！作品不仅搬上了银幕，制作了动画，而且还有多部同名游戏以及周边产品应运而生。

黑白色	浅灰色	中灰色	重灰色	补色	纯色

　　我们观察一下上图所示的六个色阶的不同颜色。这六个色阶是我们在绘画的时候首先应该想到的。同时在观察其规律的时候我们可以发现从浅灰到重灰色是呈均匀渐变的。补色与重灰主要不是明度上的区别而是冷暖上的区别，纯色是什么其实无所谓，因为面积较小。以上这些都属于规律性的总结。

　　头部的描绘是在黑白底色的基础上完成的，这属于逐层叠加法的范畴。这里我们确立了各个部分的明确的色彩。从反光的补色（灰蓝色）—明暗交界线的固有色（暖红灰色）—亮部的浅灰色（浅灰红），都在事先一一做了确立。这使得我们的绘画工作变得合理有序。

　　前面有提到，人物的眼

神一般情况下要看观众，而让她看观众的诀窍就是
黑色的面积向右边靠，所以我们直接把眼珠选择下
来，向右拉动即可。

在有些情况下，为了效率和效果，我们可以多
软件结合使用。比如：为了柔和皮肤上的笔触，我
们使用SAI里的模糊工具。这个模糊工具的效果比
Photoshop里的模糊效果更为出色和简便。所以不要
死死地在每个步骤都守着一个软件工作。

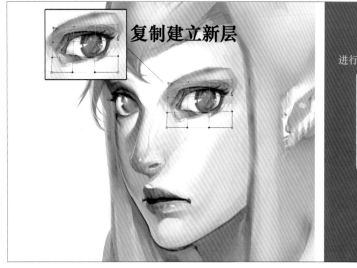

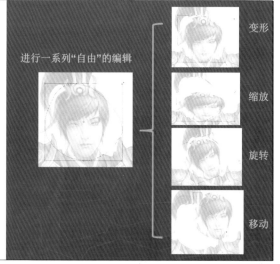

如果遇到局部的形体需要做微妙的调整的时候，比如：眼角高了或者低了等，我们没有必要重新去画。
只需要按照如下的步骤操作就能很快改善：

建立一个修改区域的选取并且选择下来——复制粘贴成一层**新层**——**【Ctrl+T】**进入图形编辑面板——
鼠标右键选择变形**【warp】**工具，如图调节节点修改形体至满意——在新层上**擦除边缘**的痕迹使接缝完全看
不出来。

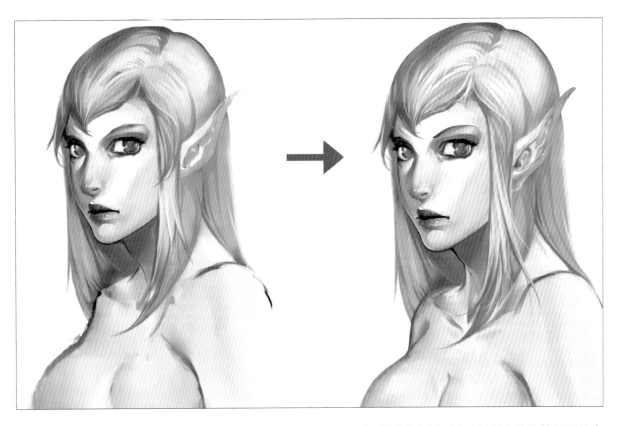

高光和边线的强化使得我们的刻画上了一个本质的层次。很多同学在刻画的时候拼命地涂抹里面的内容，却忽略掉边线才是真正能够出效果的要素。

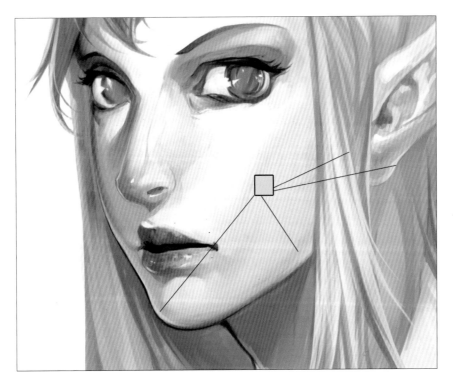

所有的反光我建议都是采用一种补色就可以完成，这种补色的特点是：

1.鲜艳；

2.对比强烈。

比如我们在画面里看到无论是头发还是面部的肌肤都是采用相同的补色来完成的，只是别忘记了形体的质感不同、形状不同，补色的范围面积和强弱会有相应的变化。具体说来就是，头发的反光按照物理的规律必定强于肌肤。

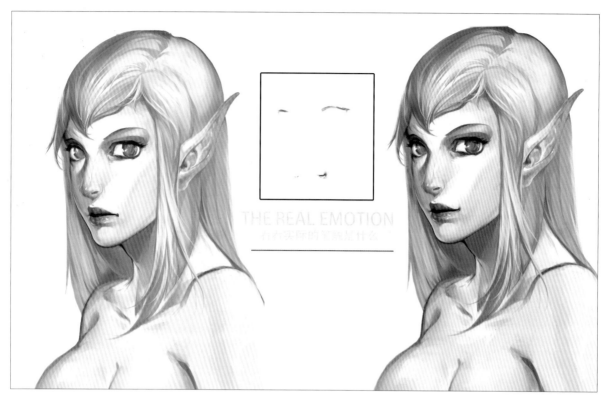

最后我们来看看到底是哪些画面元素造成了人物表情的变化呢？关键在于"眼角"和"嘴角"。如图所示，我们看到黑框内那一点点的改变造成了人物神态的完全不同，由惊恐变成了微笑。 这就是表情的奥秘。

三、肖像绘制进阶

1.Photoshop底色法的运用

什么是底色法呢？顾名思义就是在一个底色的基础上逐步绘制出人物的造型。底色就是起规范色调的作用。说清楚一点就是，很多的色彩是在底色的基础上演变出来的，这会很直接地造成画面的色调协调而统一。

在图示的步骤里，我们可以看到其实我们在整个成像的过程中所使用的颜色是非常非常简单的，用色的思路也不复杂。比如：底色是灰绿，那么第一个颜色就是偏暖的白色。因为红绿是互补色。

在SAI里面也可以进行调色，这种调色的必要性主要是针对让部分的色彩变得更加鲜艳，比如暗部的纯度一般都比亮部的纯度高，这也是一个不争的常识。

当然，这只是一个简单的过程，让我们看到一个全貌。具体的绘制过程，我们将在下面的教程里加以说明。

首先，我们填充一个土红色作为底色。为何是土红而不是别的颜色呢？其实任何你觉得好看的颜色都可以作为底色，不一定是土红。但是我们必须意识到，不同的底色对最后的效果会产生截然不同的影响。

之后，我们来看看其他的颜色是如何在底色的基础上变化出来的。在点选底色后，我们进入Photoshop的拾色器，在上下左右四个方向做细微的拖动，注意是细微地拖动，拖动的幅度不要太大，这样我们可以得到a、b、c、d四个颜色。这四个颜色就是我们绘制图画的基础色。

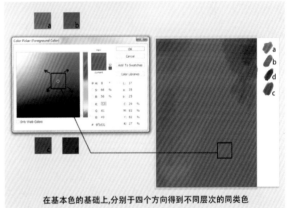

在基本色的基础上,分别于四个方向得到不同层次的同类色

使用PS原装笔可以绘制出均匀而柔和的底纹过渡。

制作底层的时候我们当然不能使用一种笔刷，我们需要多笔刷结合，这样才能制作出丰富多彩、富于变化的底纹色彩。

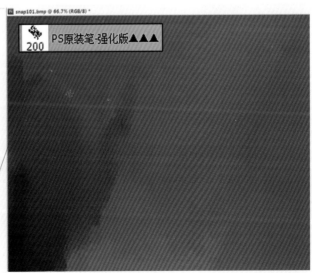

现在我们在底纹上开始绘制人物形象了。首先使用半透明状的（不透明度【opacity】不要设置成100%）画笔绘制出大致的人物形象。然后用更加肯定的笔触强化出人物的特征。

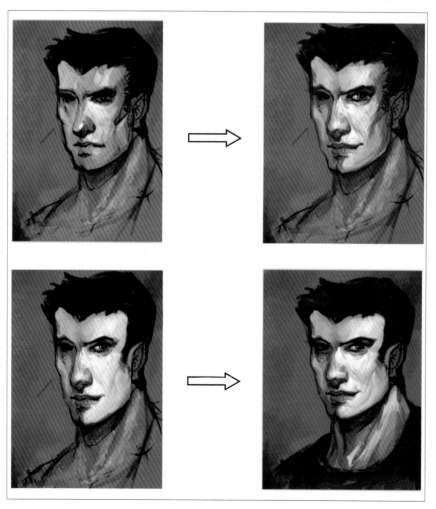

然后，我们开始用灰白色进行半透明的覆盖。这个过程和在有底纹的画布上绘制油画一样。逐层覆盖，层层提亮。而右边的事先指定好的颜色就好比在真实绘画中的各种颜料。你只需要任意地选择它们，然后在画布上进行调和即可。

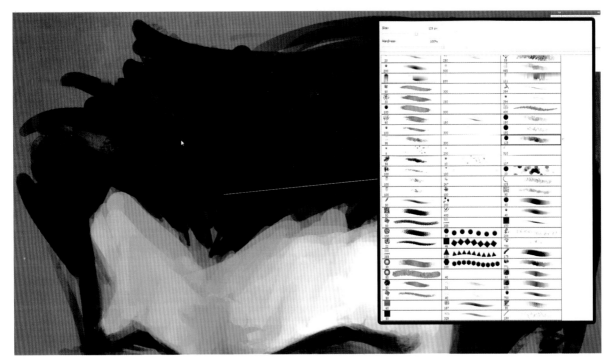

如果你觉得有些部分的笔触过于光滑，我们可以绘制一些带底纹的笔刷加强一下质感。至于你用什么笔去画，我的建议就是多多实验，多发现一些稀奇古怪的效果，这样才有发现的乐趣。如果仅仅是别人告诉你用什么，你就只用什么，那么你所获得的就会少很多。

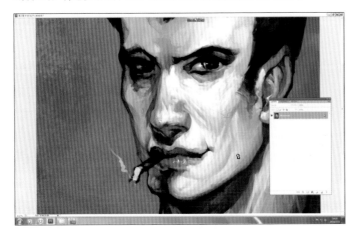

随着我们的刻画不断地深入，人物面部的特征以及面部的肌肉结构都一一被交代出来。特别值得注意的是，当光面的肌肉褶皱不能强过暗部的肌肉褶皱。

面部的血丝是使用一些类似裂痕类的画笔直接涂抹上去的，只是记得用压感笔控制笔触的轻重，让血管呈现出变化多端的颜色。

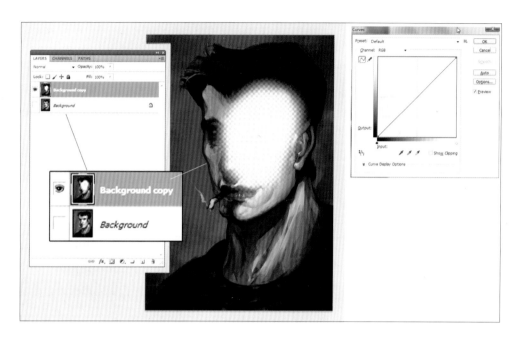

复制一层，然后把上面那层用【Ctrl+M】调整暗一些，然后把面部的部分擦出来，这样就可以形成一个周围暗而面部亮的效果。

到现在我们就完成了一个叼着烟卷的酷男的形象。通过观察整个画面最后呈现的效果，我们可以对底色绘画法做出一些总结：

1.底色其实可以充当暗部的纯色，所以制作底色的时候可以适当鲜艳一点。

2.由于暗部全部是由底色来充当，所以整个暗部的色彩也会显得统一。

3.由于笔触是从半透明的状态一点一点罩染上去的，所以底色和你的笔触色一混合就会产生出变化多端的色彩，我们就可以直接在底色上取色。

总而言之，这种底色法是一种比较成熟的模拟真实绘画思路的方法，掌握它的相关制作程序可以极大地加强你的技能表现。

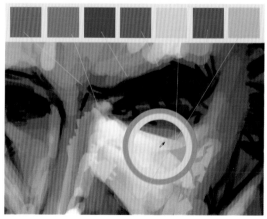

2.Photoshop金属质感表现

首先，我们取用R246、G210、B187这个颜色作为皮肤的底色。

为何取用这个颜色画皮肤呢？几乎所有的画家都有属于自己的套路画法在创作的过程中反复地使用。为何取这个颜色，就好比为何"HELLO=你好"一样，是一种约定俗成，是固定搭配的一种，初学者记下来就好。当然你也可以采用别的颜色作为底色，不过底色变了，其他的颜色就会随着改变。

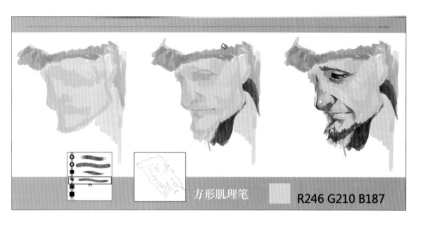

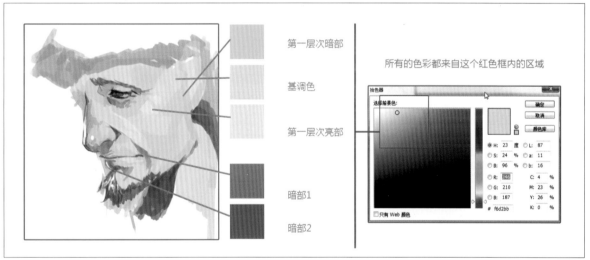

通过观察上面这张色彩识别图，我们可以看到大部分的色彩都是来自色彩选择面板内的一个不大的区域。极端的颜色，其实只占很少的部分，并且这些极端的颜色(暗部最暗的色彩)都和大部分的色彩处于同一个色系。

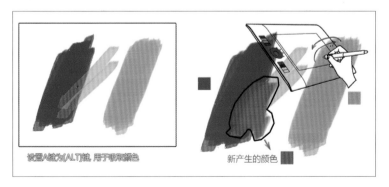

混色是完成ＣＧ创作里的一个基本技巧，其技术要点就是笔刷的透明度不要是100%，稍微调整到两个颜色相交有透明感，然后点击【B】键进入画笔模式，这样只要按住【ALT】键，光标就会变成吸管，放开就恢复成画笔，这样取色就很方便。最后按照如图所示的笔法，来回涂抹，这样就能产生两个颜色的中间色。

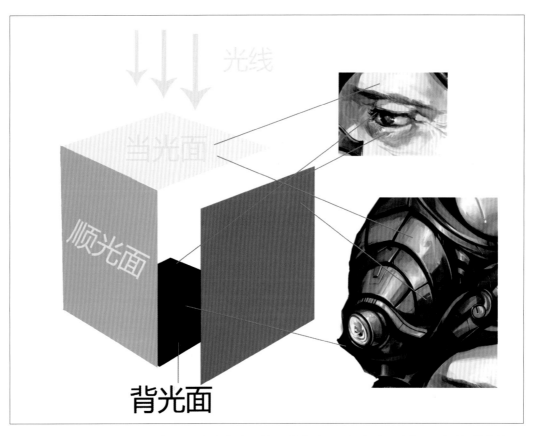

在明确色彩的同时，我们需要明确光线与体积的关系。一般来讲，我们只需要把物体认识为当光面、顺光面以及背光面三个不同的面就可以了，然后对应实例图(分别有金属和人脸)来看看各个部分是如何体现这三个面的关系的。

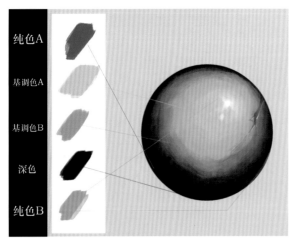

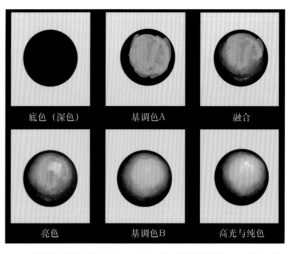

下面我们需要能够画出如图所示的这样一个质感的圆球。只有顺利地完成了这样一个圆球，我们才能够完成人物身上那错综复杂的金属质感的机械，可以说，这是一个基础。

根据上图的流程，我们只需要运用数位板的混色原理就能轻松地完成一个具有立体感的、亚光的金属球。

现在我们试着给这个球加上一些碎裂的痕迹，注意我们所运用的光源的原理完全符合前面三大面的原则。所以我们可以看到，只有忠实地交待出了合理的光影关系，才能正确地表达出具有良好视觉效果的形体。

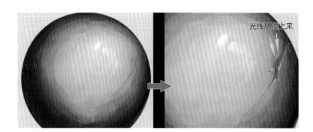

光线从顶上来

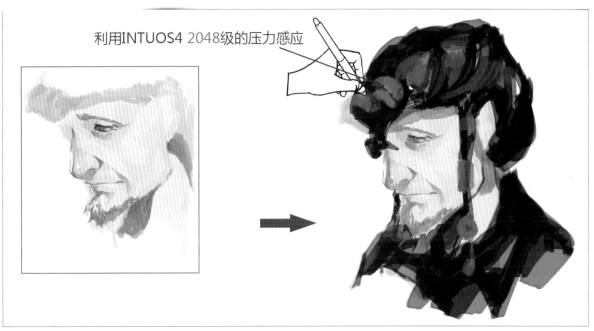

利用INTUOS4 2048级的压力感应

然后我们继续为前面画好的这个脸增加服饰上的特征。我们直接用黑色来作画，利用影拓4代2048级的压力感应，我们可以在不换颜色的基础上轻松地绘制出富于变化的细节。

放大看脸部我们可以发现有不少充满变化的笔触与底纹，这些效果是通过使用特殊笔刷产生的。这些特殊笔刷可以在网络上下载得到，这些笔刷配合微妙的压力感应笔，就能轻松产生出丰富的效果。【笔刷的具体设置细节详见专门的教程】

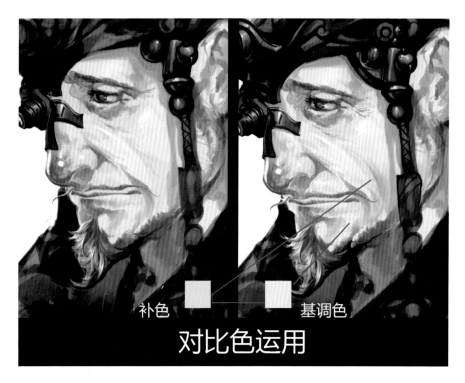

对比色，又称为补色，其运用目的主要是强化色彩对比和丰富画面，如图所示，我们在脸部的褶皱里加入一些明亮的青色，这些青色和基调色的粉红形成鲜明的对比，使红色更显得红。

补色   基调色

对比色运用

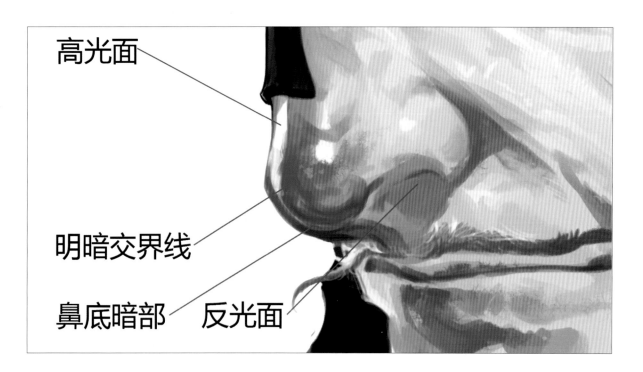

高光面

明暗交界线

鼻底暗部   反光面

从一个鼻头的刻画来观察前面所讲述的色光与形体的关系。一个立体的鼻头只要具备了画面所示的基本的视觉要素，那么就能完美地展现其立体感。同时，我们习惯于把鼻头处理得红红的，这样有一种血丝分布的真实感。

　　接下来的工作我们看到了头部的金属物件的造型是如何由模糊变清晰的。我们会在后面的图示里以对比的直观概念给大家讲述。

刻画就是一个由模糊到清晰的过程

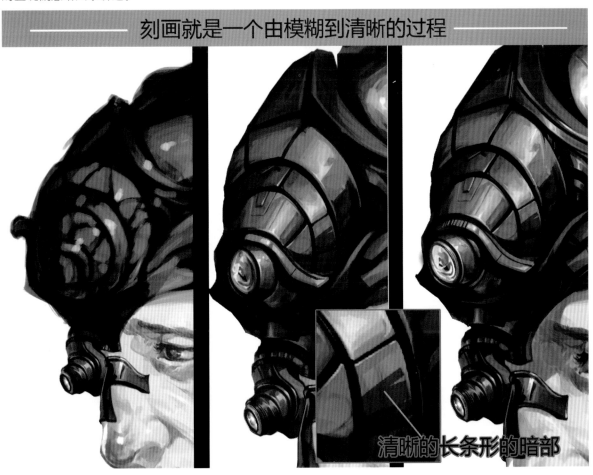

清晰的长条形的暗部

　　刻画的第一原则是让线条更加清晰。如图所示，划分物体的边缘线不但更加清晰了，同时更加规则，也更加丰富，高光的形状也更加清晰可辨。

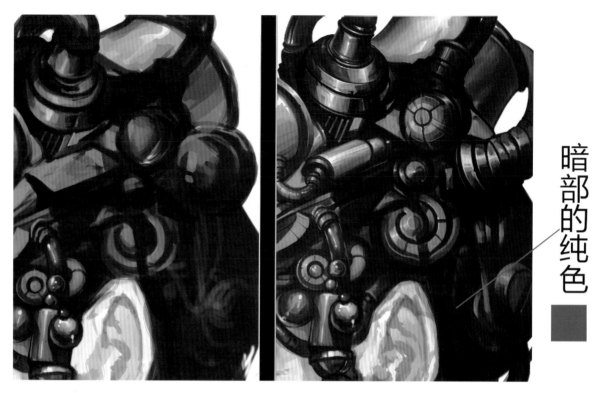

为了表现暗部的透明感，我们必须加入一些纯粹的红色，不用担心这些红色会过于鲜艳，只要它们的面积是可控的。

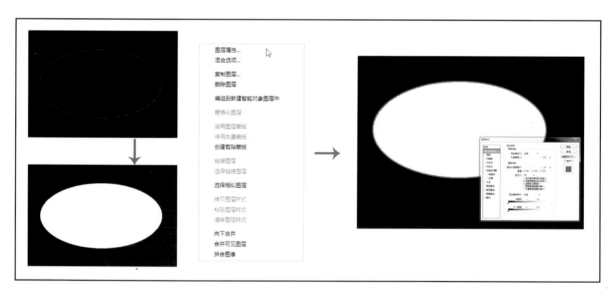

首先，我们用photoshop的图形工具绘制出一个椭圆，然后给它填充一个白色，之后我们只需要单击鼠标右键，出现图层属性面板，用描边工具，就可绘制出一个带边的椭圆。

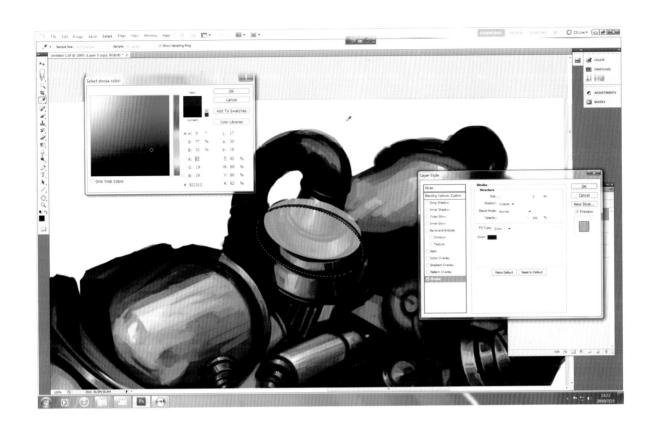

　　然后我们把这个图层复制到我们需要规整形体的地方，如图所示，然后用【正片叠底】这种图层叠加模式，就可以把白色去掉，只看到我们描出的边线。这样我们就很方便地规整画面上金属部件的椭圆形体了。

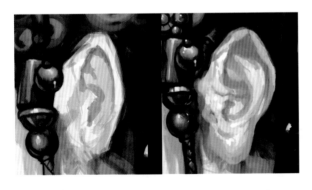

　　耳朵的画法主要窍门就在于画出明显的内耳廓和外耳廓的关系，如图所示，如果能够清晰地表现出内外耳廓的形状以及其相互关系，那么就能很容易地制造出一只真实的耳朵。

　　请注意观察红线与黑线所包裹的面积及其形体关系。

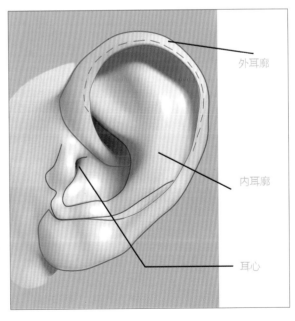

外耳廓

内耳廓

耳心

到最后，我们利用影拓4无线数位板完成了一张逼真而传神的幻想主义的头部肖像画。

作品名：祭司头像
完成时间：6小时
使用软件：Photoshop

3.中国风人物的绘制

目前的网络游戏，采用中国式的风格进行绘制的不在少数。所以这次的肖像教程里我们也加入了一个专门绘制中国式风格的教程。希望大家从这个教程的学习中进一步掌握CG绘制人物肖像的相关技巧和知识点。

首先和前面的案例一样。我们采用在底色上绘制造型的方式进行大形的绘制。底色是紫灰色，那么我们的皮肤就采用暖一点的黄色进行。

 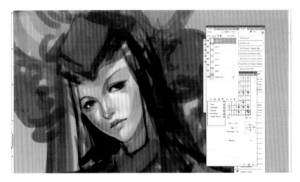

不断地深入刻画表现五官的特征是这个阶段的重点。在图示里我们可以看到线条的颜色是更深一些的紫色，而不是黑色。纯黑的线条会让画面显得僵硬和死板。

逐步地用纯度更高的颜色覆盖住底色的紫色。在没有具体的形体的时候，需要我们粗略地用概括性的色块来"占"画面的位置，把未来即将描绘的各个部位排列好。

眼影是很重要的刻画步骤

对比左右两张图示。我们发现眼影在表现人物面部时的重要性无需置疑。

在人物面部表现的时候，我们应该想到的过程是女性的化妆。修眉，唇彩，以及眼角的修饰都是在围绕着一个主题：让形状更加清晰可辨。

随着面部的完成，我们就可以对面部周围的物件展开描绘。

在图示中我们可以看到有很多的笔触可供选择。其实这个阶段你选任何的笔来描绘都可以，因为随着刻画你会用笔触更加紧密的笔来覆盖前面的笔触，直到它趋于完美。

高光的绘制有很多的途径。这里采用的是图层属性的方式。这种方法的优点在于可修改性和调控性很强。

刻画的时候，我们的思路要保持清晰。什么样的工作会产生出复杂的、充满层次感的效果呢？我想，线条的准确和丰富是第一，其次就是一层物体压住另外一层物体，这种层层叠加的效果自然就会产生出丰富的层次感。

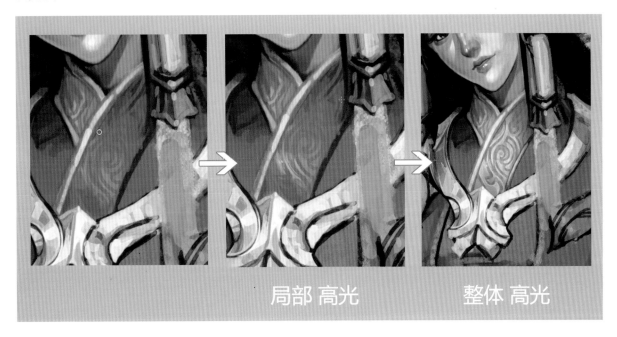

局部 高光　　　　整体 高光

图示中展示了一个局部的高光绘制所需要的步骤。

局部的高光可以通过小笔触的绘画得到，而整体的高光就需要我们采用前面讲的"图层属性"的方式了。

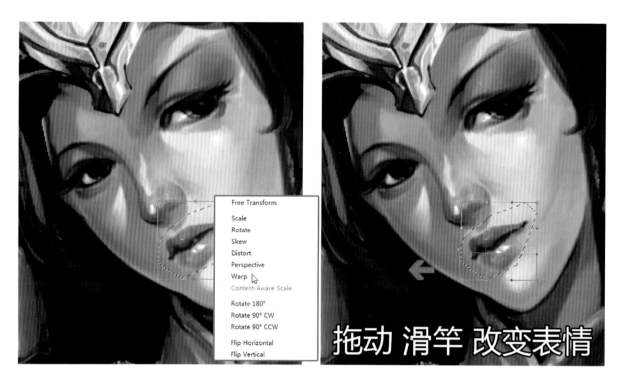

拖动 滑竿 改变表情

人物五官的表情，在软件里我们可以采用变形工具来完成。

微妙的嘴角的微笑，只要轻微地拖动变形【Warp】控制杆就能得到。

经过一连串的高光和细化处理，我们可以看到那些经过刻画和没有刻画的部分的差别。我们训练的目的只有一个，让我们的脑子里清晰地知道我们应该做什么，什么地方做得还不够。

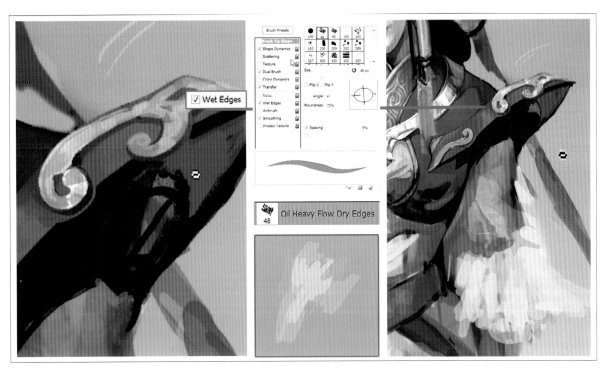

　　这个图示为我们具体地展示了刻画所使用的笔刷和相关的参数设置。注意：除了笔刷本身的特点外，勾选湿边【Wet Edges】和画出有形状的高光至关重要。

　　我很反对单纯地用"喷笔工具"涂抹画面，那样会产生出油腻的画面感。建议如图所示，采用肯定有力的笔触，一笔一笔地塑造出衣袖、胸部等各个部位的体积。像这样长期进行有意识地训练，就能获得更加强大的绘画能力。

现在我们可以绘制人物头部的装饰性的花朵。首先我们用一种叫【毛茸茸】的笔刷进行底纹的绘制，这种笔刷很容易就能制造出毛茸茸的边缘效果。

然后我们试着用大块的笔触绘制出花瓣和叶片。这些后面的绘制叠加覆盖在毛茸茸的笔触效果上，产生一种前后的层次对比。

值得提醒的是：高光不要面积太大，你只需要用一些纯白的点子，点缀在花瓣和叶片的尖角即可。

任何尖锐的部分都是画面中最为抢眼的部分，所以把高光处理在那样的区域能够十分有效地加强表现的效果。

　　一开始的时候，你或许会为画面中那些琐碎的细节所必须具有的颜色而头疼。的确，一个发夹，一颗宝石，虽然在画面中所占的面积很小，但是它们的颜色也能很大程度上影响画面的效果。

　　其实只要你按照简单的补色法则和整个色调的统一性原则，随着刻画，那些细节的颜色也会被我们"推演"出来。

　　最后，我们的画面就完成了——一个头饰华丽的中国风格的女性人物的肖像。在最后，我还是想让大家仔细比较一下左右两张图的区别。一个是没有展开刻画的步骤，一个是完成的稿子。

　　通过比较，我想聪明的你应该问问自己，到底哪些绘画工作是我们在刻画的时候所必须做的。

作品名：中国式女性设计
完成时间：8小时
使用软件：Photoshop

第二节 ///// 动漫角色的绘制

能够绘制出单个的动漫人物角色是所有CG的基本绘制项目。掌握其中的必要步骤是让你的技术更上一个台阶的坚实保障。绘制这些动漫角色需要你带有满怀的热情去体验这些生动角色本身的造型特点和美学感染力，不能仅仅是当成一个形体去描绘。

正如一句网络用语所描述的那样，要有"爱"才能战胜一切。

这些各式各样的人物造型是在不同的时期完成的。其风格为了适应不同的工作需要而做了相应的改变。有些是在课堂上给学生示范的作品，有一些则是商业委托的单子，当然也有自己的创作行为。但是无论是在哪种情况下完成的，都必须要能体现出人物的性格特点，温柔的女性或者是刚强的战士。

在2010年7月的暑假班上，我给来自全国各地的学习者示范了一些绘制人物角色的基本思路和手法。当然这些手法其实细细道来并非是一些陌生的东西。只不过要在一个很短的时间段内现场演示出来，你需要一定的熟练度。这也告诉那些在学习上仅仅是听懂就作罢的人，如果你不做足够多的练习，明白了也没有什么实在的意义。

这个兵人的卡通形象就是我在那个炎热的暑假示范的作品。我们以这个速写式的作品作为本篇的一个开头，展示我们的卡通人物的基本绘制思路。本作品配有相关的视频文件以供学习。

特别说明：本作品是为初学者量身定制的，绘制过程朴实无华，希望读者在学习的过程中耐心观看。

在整个作品成像的过程中，我们以四步骤作为概括：起形—强化轮廓线条—基本色调的铺设—刻画。本作品采用的是一次性成型法，也就是我们传统绘画中常用的直接描绘法，可以说没有任何的炫酷技巧在其中。同时由于是在SAI里面完成的，所以所使用的软件技术也是简单明了的，主要是思路要明确，每个步骤该做什么工作，画面要达到什么目标要清楚。我们仔细地看看我们的过程图吧，试着从画面的效果改变上，先分析总结，之后再对照视频教程，相信你会有不一样的收获。

一、基本的角色绘制技法

奥丁领域的同人绘制

每个人都有自己喜欢的同人，那么如果能够把它们都一一绘制出来，可以说是一件非常棒的体验吧。现在我们就展开SAI的同人绘制之旅。

首先，我们在SAI里新建一个A4大小300DPI的纸张。快捷键和ps里一样【Ctrl+N】。一般我们的人物绘制都不要超过这个大小，图像太大也没有意义。除非你绘制的是宣传海报。

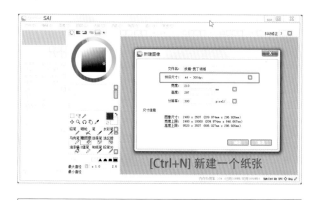

[Ctrl+N] 新建一个纸张

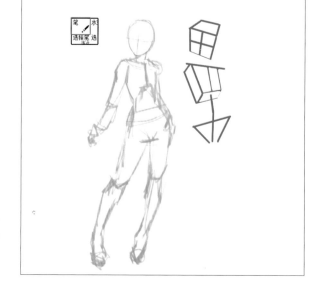

首先我们在SAI里选择名为"笔"的笔刷作为形体的绘制。绘制人物基本形体的时候特别要注意的是透视的方向和躯干各个部分的扭曲。如图所示。

整个的过程我们都在使用"笔"这种工具，这种工具不但方便简洁，同时效果也非常的出色。我们使用它一步一步地绘制出人物的轮廓和特征。

比较这个对比图我们可以看出，所谓的刻画步骤不过是加强划分形体的边缘线的清晰程度而已。在造型的初期，形体的分割线不是很清楚，但是随着我们的造型的逐步深入，边线就需要有意识地加强。

边线不清晰

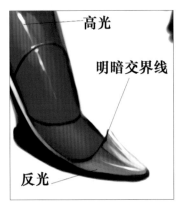

高光

明暗交界线

反光

除了加强边线的清晰度外，物体表现的三大要素不要忘记了，那就是"高光"、"反光"和"明暗交界线"。

意思就是，只要你一拿到一个物体的刻画，就要条件反射地绘制这三个部分的关系，这样才能提高速度。

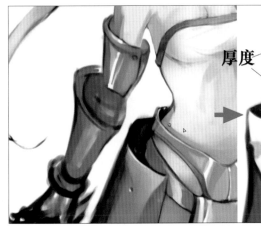 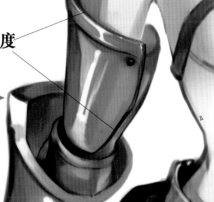

厚度

光有线条作为形体的切割是不足以表达形体的所有特征的，你还必须注意物体本身的厚度，合理的富于变化的厚度表达是描绘形体的关键所在。

最后，在经过了三个小时的绘画之后，我们顺利地完成了这个奥丁领域的同人绘画。虽然人物造型做了一些个人化的修改，但是基本的感受还是表达出来了。

注释：《奥丁领域》日本RPG游戏
名称：オ ディンスフィア/Odin Sphere
译名：奥丁领域
发行：ATLUS
制作：ATLUS/VANILLAWARE
类型：ARPG　人数：1人

　　该游戏以北欧神话的世界观作为基础。以巨大的魔法力量自豪的王国"瓦伦蒂亚王国"用魔法的结晶炉"科尔德隆"之力压制着各地，繁荣一时。突然，因为不明的原因，国家灭亡了。没有了主宰世界的科尔德隆的力量，在国家之间的霸权争夺中，出现了由兽、死之王、火焰、大釜、最后之龙这5种灾难毁灭世界的最后预言——世界将慢慢地走向灭亡……

二、Sai的进阶运用——机器女警察的绘制

　　在这个部分的教学里，我们主要学习SAI的钢笔工具和笔刷工具如何配合起来绘制高透明度的金属物体。这是SAI绘画技术的核心，需要我们好好掌握其中的要领。

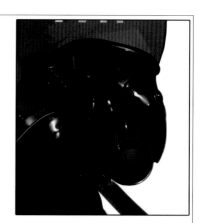

金属质感的描绘（How to depict Metal）

1.SAI钢笔工具的介绍

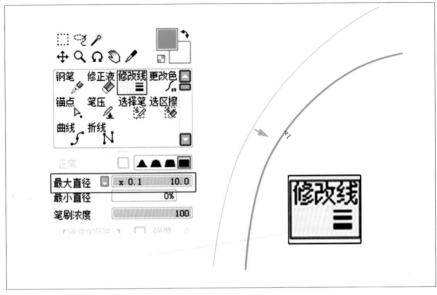

钢笔工具的运用可以直接修改线条的粗细，通过调节【最大直径】可以选择线条的粗细程度。

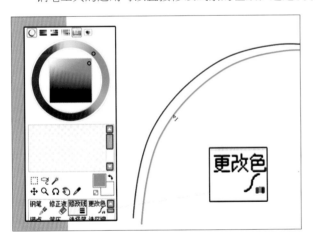
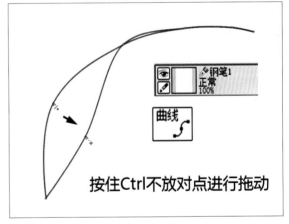

钢笔工具的运用还可以直接修改线条的颜色，同时使用【Ctrl+Shift+Alt】可以对点进行各种形式的编辑。

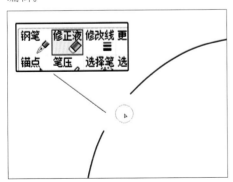

修改钢笔工具的笔触要使用【修正液】工具，不能使用一般的橡皮擦工具。

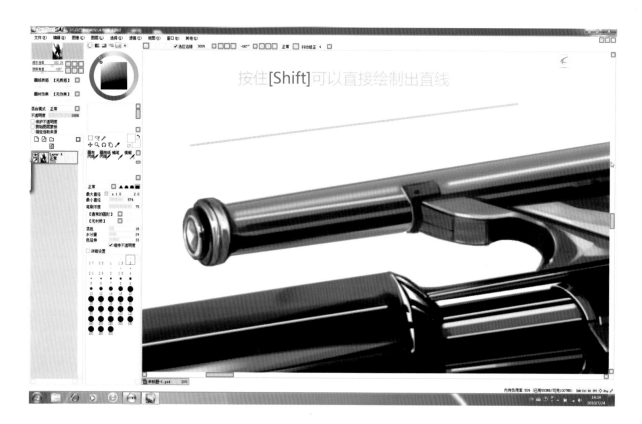

如果我们要描绘出笔直的线条，我们不用用笔一点一点地描，只需要按住【Shift】就可以直接描绘出标准的直线。这种直线使用在描绘金属物件以及比较坚硬的物体上。我们在后面的教程里可以看到它的使用。

2.实战SAI钢笔工具的运用

遗憾的是在SAI里没有Photoshop里面那么方便的矢量图形的编辑工具，所以我们必须要在PS里把狙击步枪的枪头给制作好。如图所示，首先用PS里的选区工具拉出一个方形的渐变，然后复制这个渐变，然后进行拼贴。中间的枪口是用圆形工具拉出来的。

其实在软件绘画的实际操作中，不少的复杂形体是靠着简单的操作实现的，所以掌握好基本工具的灵活使用，是一切技能的前提。

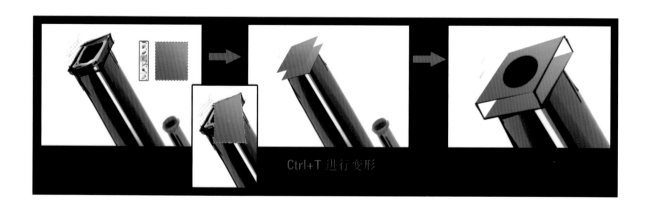

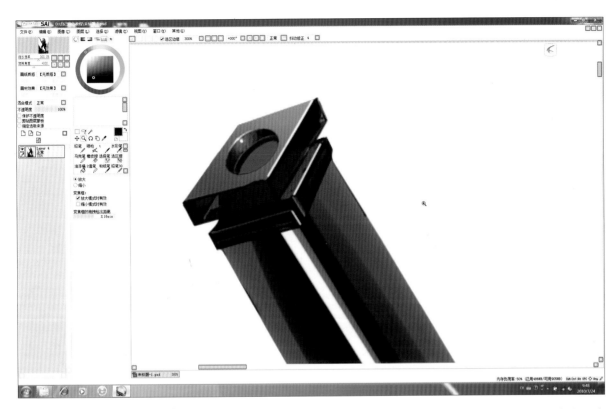

刻画是放到SAI里面进行的,这个时候的工作就变得简单明了了。我们只需要加上一些棱角上的高光和暗部的反光就可以很容易地制造出立体的效果。

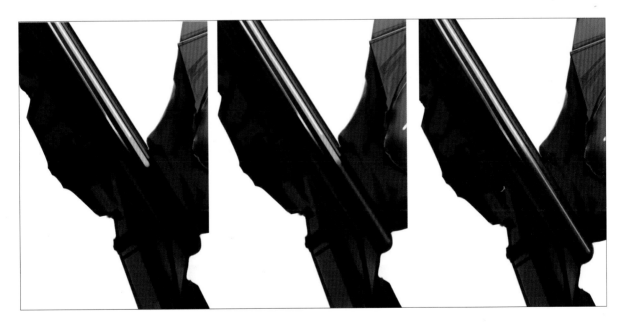

类似枪管这样很长一截的金属筒,我们使用前面提到的【Shift】键来完成,但是需要用粗细不同的线条来表现出圆筒状金属的转折与体积。越往物体的中间靠拢,金属条就越细。当然必要的地方需要我们手动修正一下,比如线条之间相互衔接的部位。

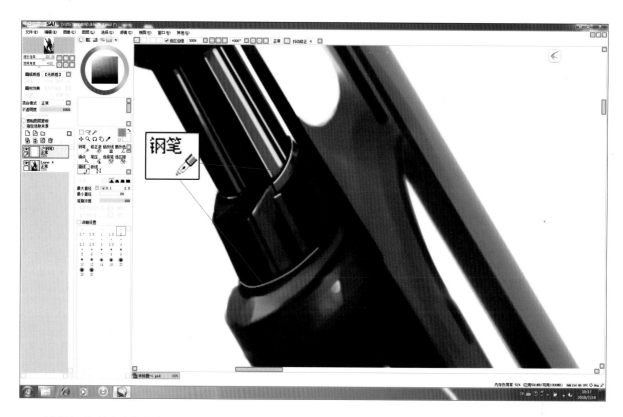

请仔细地观察我们的样图中哪些部位使用了钢笔的工具进行绘制，这些部位在光源的处理上是居于"受光面"还是"反光面"。

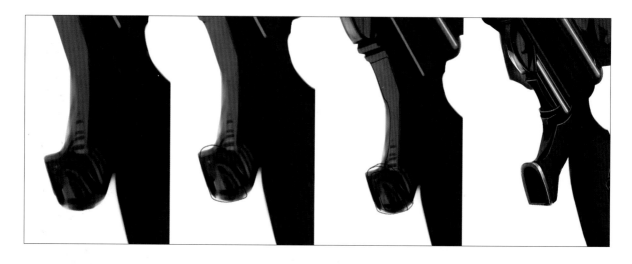

这个过程向我们清楚地展示了枪的拖把是如何使用钢笔工具一步一步描绘出来的。这里值得提醒的是，一定要先有一个大的形状后再加钢笔线，因为初学者的形体思维不强，直接性地使用钢笔工具来勾勒很有可能透视错误，所以必须在有一个大致的底色的情况下再勾勒钢笔的外形，这才能够比较快速而准确地完成枪把的描绘。

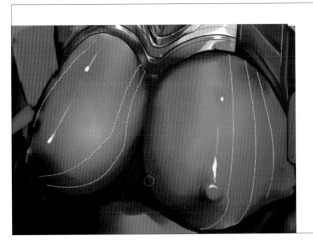

Sai里的[钢笔工具]是可以直接单击所在图层选择的

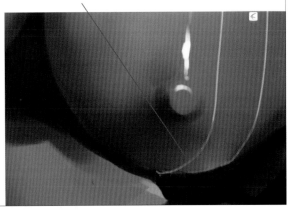

类似这种表现物体表面金属线条的钢笔线起着加强体积感的作用。对于某些明暗交界线不清楚的物体描绘，我们可以采用它们来加强体积效果。当然，钢笔线的颜色随着体积的起伏是有变化的。

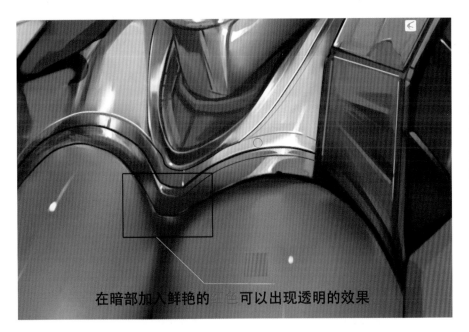

在暗部加入鲜艳的□□色可以出现透明的效果

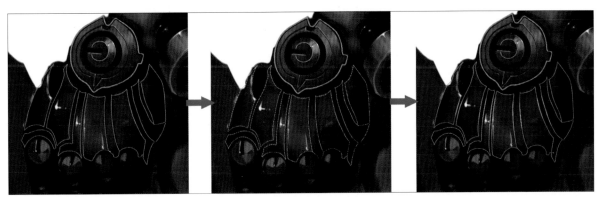

　　类似科幻电影里的金属手，往往是通过一个简单的线条处理而得到的。这些硬朗的金属线条本身就有着明显的金属质感，一旦处理好它们的关系，那么金属手的效果也就跃然纸上。

3.金属的质感

在刻画金属质感的时候，我们需要分清楚高反光、低反光和压光三种不同性质的材料。使用SAI的同一种笔刷完成不同的金属质感，主要依赖于三个要素：

1.颜色

2.高光的面积和形状

3.反光的强弱

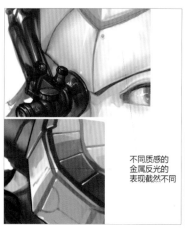

不同质感的金属反光的表现截然不同

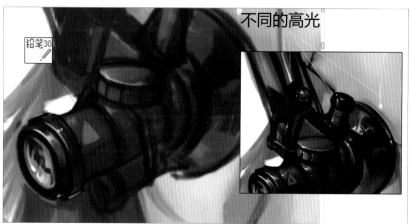

不同的高光

铅笔30

4.整体的过程

起形　　　　　人物面部　　　　扩展至半身　　　　扩展至全身

现在我们回过头来总结一下从起形到全身的一个整体的过程。从这个过程中我们可以看出几个要点：

骨骼（也就是大形）是首先需要我们熟练掌握的，我们要非常熟悉各种动漫造型的动态表现以及形体比例，否则后面一切的绘画渲染都是没有用的。

面部的描绘是所有描绘的开始，也是极其重要的部分，前面的章节讲到卡通是"靠脸吃饭"的。这点在这个教程里体现得比较充分。

人物的**黑白灰**表现绝对是整个画面重点中的重点，所以即使是采用彩色的模式来完成作品也不要忘记画面里必须有大面积的集中的黑色。

5.最后的加工修饰

在最后的加工修饰里，我们第一步要做的是让光源集中在人物的上半身。这种操作的手法非常简单，我们只需要选择出人物的下半身，然后单独列出一层，对这层进行调色处理即可。类似的手法在大量的游戏美术设计里都有出现。

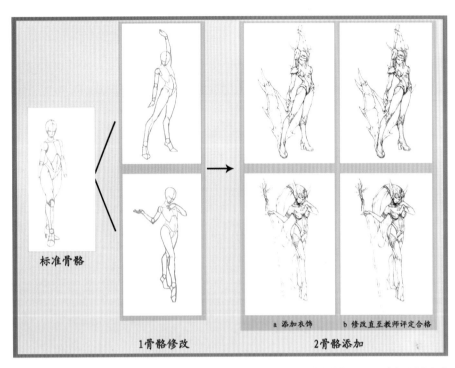

标准骨骼

1骨骼修改

a 添加衣饰 b 修改直至教师评定合格

2骨骼添加

在上边的图示里我们添加了一个"梦想之城"插画学校的骨骼造型训练标准作业。这里我们看出任何优美的动态都需要在严谨的骨骼造型的基础上才能真正实现。

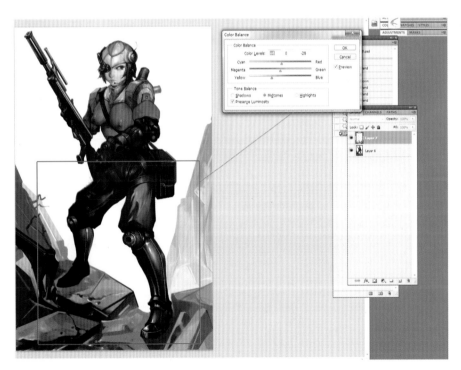

要让人物和地面结合，就必须要加上投影。投影的添加也是一种很简单的思路。首先，我们必须让投影在单独的一个图层上，之后要让投影顺着地面的结构走。最后是使用渐变工具和叠加【Overlay】模式。这样我们就能得到一个清晰肯定有变化的投影。

如何使用形体变形工具来对文字进行处理呢？我想这个问题不应该很麻烦。因为Photoshop自带的【Ctrl+T】变形工具是一个非常方便的工具。我们只要对任何想要编辑的物体使用【Ctrl+T】，然后点击鼠标的右键就能看到各种各样的变形命令，这里我们采用的是歪曲【Warp】。

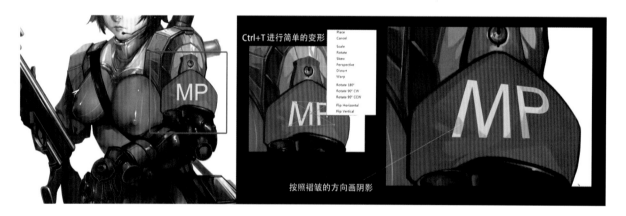

到这里我们就完成了本部分教程的学习。注意学习的重点放到钢笔工具的使用上，你自己也试试用SAI里面的钢笔工具完成一些机械或者枪械一类的金属物体，我相信你会有很多的收获。

作品名：机械女警察
使用软件：Sai Photoshop
完成时间：8小时
性质：课堂示范

场景的绘制可以说是CG插画师成长的必修

在长达7年的教学中，我亲手培养过职业的场景设计

深深知道在这个分支的绘画学习

什么样的练习才是最重要的。也亲手开发过一些场景绘制的技

将它们传授给一些学习者，帮助他们成

而这些技法成就了其中的某一些人，使他们成为了在这个行业里的职业人

第六章／场景基础绘制技法

第六章　场景基础绘制技法

第一节 //// 场景绘制概论

在插画的领域内，有很多的作品都离不开场景的绘制。场景的绘制可以说是ＣＧ插画师成长的必修课。在长达7年的教学中，我亲手培养过职业的场景设计师，深深知道在这个分支的绘画学习里，什么样的练习才是最重要的。也亲手开发过一些场景绘制的技法，将它们传授给一些学习者，帮助他们成长。而这些技法成就了其中的某一些人，使他们成为了在这个行业里的职业人士。

而场景的绘制教程大多一开始就从很多纷繁复杂的场景现象入手，使很多的初学者根本没有办法上手。所以经过广大读者的要求，我在这本ＣＧ的技法教程里加入了基础场景的部分。这个部分如果你能掌握，那么离绘制复杂的场景就为时不远了。

当然本书毕竟不是一本专门讲述场景设计的教材，其中所涉及的范例主要针对于基础最为薄弱的学习者，我们从花草树木开始，一点一点地练习，吸收，积累。万丈高楼平地起，以上我们看到的那些美丽而复杂的图画，就是从接下来我们所要讲述的技能要点发展而来的。

作品名：海边
完成时间：2006年
制作软件：Photoshop
说明：
此画的设计构思为刘先慈女士，制作润色是陈惟，冯冥皓。

作品名：通天塔
完成时间：2004年
制作软件：Photoshop
说明：为独立动画【《月亮门》】所绘制的场景

场景基础绘制技法

作品名：旅程
完成时间：2008年5月
制作软件：Watercolor+Photoshop
说明：此画完成于5.12汶川大地震期间

部分镜头，以及原画欣赏

与本节有关的名词注释

【《月亮门》】

《月亮门》：此独立动画是我在大学期间和导师乔斌，朋友刘枭羽、龚鼎、刘金瓶、蹇润香一起完成的（此排名不分先后）。该动画获得首届金龙奖最佳动作设计，以及最佳短片制作奖。

【《宏翼天使》】

《宏翼天使》：这是一个幻想世界的设计项目。
该项目的总设计师：张凤昕先生，奇幻行业资深策划人。文字总监：陈思雨先生，职业奇幻小说家，著有作品《异人傲世录》。美术设计：陈惟，冯冥皓，严佳。

这是个魔法与科技并存的奇幻世界。整个世界大部分是海洋，人类生活在若干岛屿上，没有国家、军队，社会管理由各地商会掌管。整个世界由史前文明遗留下的"守护者"系统所控制，一旦当某处有打破现状的可能性时，该系统会自动派遣"暗之仲裁者"瓦解其可能性；也就是说该系统一方面保持世界的平衡，但另一方面也限制了文明的发展。

第二节 ///// 局部的描绘技法

一、天空与云彩的绘制

首先我们的绘画学习从天空的绘制开始。这是最简单的，也是最基本的。任何人只要按照我所教授的步骤去实施都能很容易地掌握。

结合右面的图片，我们可以看到，

1.在相片所示的光源下，云的颜色是近深、远浅；

2.在云的中间暗部有微妙的明暗变化；

3.明暗对比集中在形体边缘；

4.另外，云层也有厚与薄的对比。薄的地方由于透光呈现白色。

云的简化理解

简化的云在CG作品中很常见。简化风格云的绘制有以下三个通用的表现关键点：

1.形体的**几何感**强烈：

简化的云可以说是不规则形色块的组合。

实际观察分析

绘画离不开对现实的观察。为了方便我们绘画，我们事先找一张轮廓清晰、明暗对比强烈的相片作为参考。

2.用不同色块间的颜色深浅、浓淡对比体现**空间感**；

3.细节的刻画与最强烈的明暗对比集中在**边缘线**上。

所以在绘画的时候，我们注意用大色块造型、拉开色块间的空间感，最后在边缘线上进行虚实变化与强调明暗对比，便很快画好简化的云。

远景的云

中景的云

厚薄不同边缘不同

仰视看到的云　　　　　平视看到的云

我们如图观察不同的光线和远近的云到底有些什么不同呢？其实要想描绘好一些自然的光景，我们的学习必须建立在观察的基础上，空洞的理论和技术讲解不可能帮你获得什么真知灼见。

绘制云的基本方法

首先我们先使用渐变油漆桶拖出一个蓝色的天空。

具体的软件设置如下，点击红色方框内的设置菜单，然后点击滑竿选择颜色，确定从哪里渐变到哪里。之后你在新建的纸张上尝试尝试就知道怎么运用了，其实很简单。

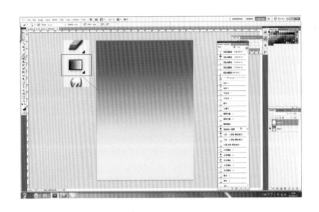

当然随着云的距离离你越远，感观上天空的颜色也就会显得越淡，这是一个自然界的普遍规律。

在描绘云彩的时候，我们选用已经被我们设置好的【云朵笔】。如图所示，这里一共有四种云朵笔。我们可以通过不同的压感笔的运笔方向得到如图所示的不同效果，从而绘制出远近感完全不同的天空。

图示中告诉我们用笔的方向其实可以决定你绘制出的云彩的形态。比如我们要想表现出云彩的棉花状的质感，我们就只有类似图里那样，弯曲着运笔。

我们首先需要平涂出一个云彩的范围，注意其边缘的柔和和变化。然后我们在这个底色的层次上，使用单纯的白色，笔刷不变，仍然使用云彩笔提亮云彩的亮部。加强云彩的体积感和边缘的变化，云是一种柔和的，很容易被风给撕裂的东西，所以局部的边缘可以处理得类似被吹散的感觉。

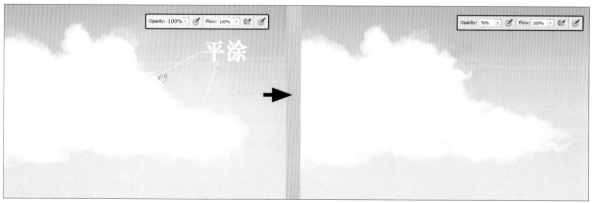

二、鲜花与草地的绘制

花瓣的绘制我们选用如图所示的笔刷。值得注意的是颜色的透明度要随着刻画而越来越高。这是因为底色的蓝色需要被花瓣的固有色压住，而高光的黄色则需要透出花瓣的红色。所以我们发现其实好的效果和笔刷的不透明度【Opacity】有关系。

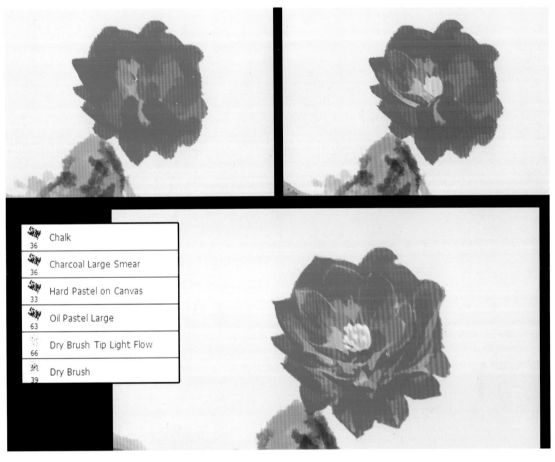

Chalk	36
Charcoal Large Smear	36
Hard Pastel on Canvas	33
Oil Pastel Large	63
Dry Brush Tip Light Flow	66
Dry Brush	39

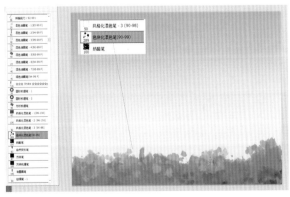

这些模糊不清的细碎的小叶子，我们是通过【色块化混色笔】绘制的，这种笔能够随机地生成大小不等的笔触，最适合表现生机盎然的草地和植物。

在背景的蓝天下新建一个图层绘制出花朵的外形，然后试着慢慢修正它们的边缘。底色一定要压得住背景的蓝色，否则的话，画出来的花会灰掉。

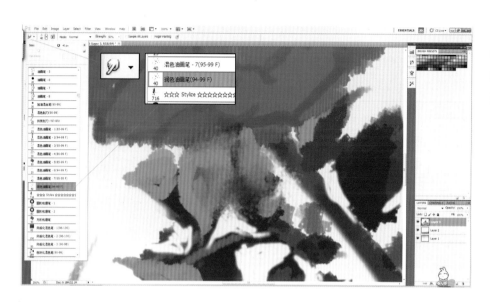

使用【润色油画笔】直接涂抹花瓣和叶子，这样能产生如图所示的效果。

最后，经过一番的刻画之后，阳光下的鲜花被我们表现了出来。特别值得提醒的是那些叶子的形态是自然而生动的，所以你最好在刻画之前好好地观察一下自然界中真实的叶子是怎么生长的。

三、树枝的绘制

我们先给树枝一个剪影，同样要压得住背景的蓝色。然后我们如图使用一种叫【反射效果】的笔刷来绘制树枝上的深色。我想大家都应该还记得前面的第三方笔刷教程里关于笔刷属性的后缀的含义，这里的后缀【滤色】的设置也就是设置笔刷的绘图模式为【滤色】。

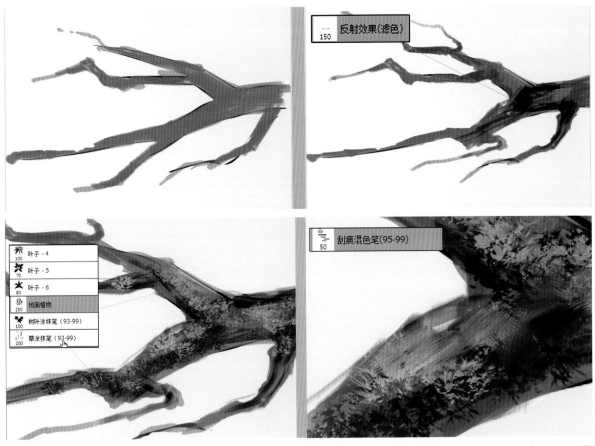

我们使用一个最常用的组合拳画法来交待植物的质感。首先我们选用一种痕迹感很强的地面植物笔刷来随机地绘制出树枝表面的斑斑点点的痕迹，然后使用手指涂抹，笔刷用的是【刮痕混色】，将过于强烈的笔触给模糊。这种先清晰再模糊的画法，是一种典型的套路。注意：模糊的地方主要是体积感鼓起来的地方和暗部，那些笔触斑驳的细节要保留在明暗交界线的位置。这样处理，视觉上才能产生出细节感。

这样我们退远了观察就可以发现树枝表面的青苔和树枝本身的颜色被一次性地表现出来了。

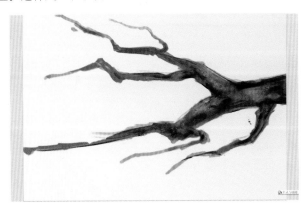

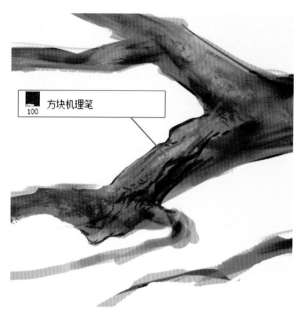

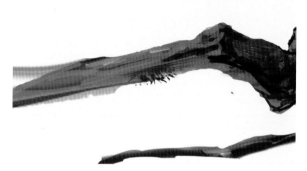

笔刷的运用固然是一个方面，但是对于植物表面本身的一些特点也需要特别留意，比如图示中所表现的生长在树枝上的一些微小的植物。

我们使用【方块机理笔】描绘树枝的纹路，这种笔是我一个笔刷一个笔刷地实验出来的，大家可以试试看它到底有什么不同。

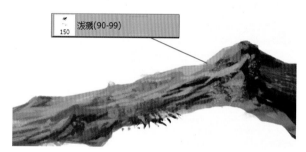

笔触如果过于生硬，就可以用笔刷【泼溅】来制造一些斑点，冲淡生硬的笔痕。

随着我们的细节不断地深入，树枝上出现了不同大小、清晰度以及形状的瘢痕，这些痕迹的差异性共同构成了视觉上的远近关系，使树枝变得生动而真实。

到 这 里 我 们 就完成了树枝的描绘，我们可以试着从整体上来观察它的明暗关系和色彩关系的变化。

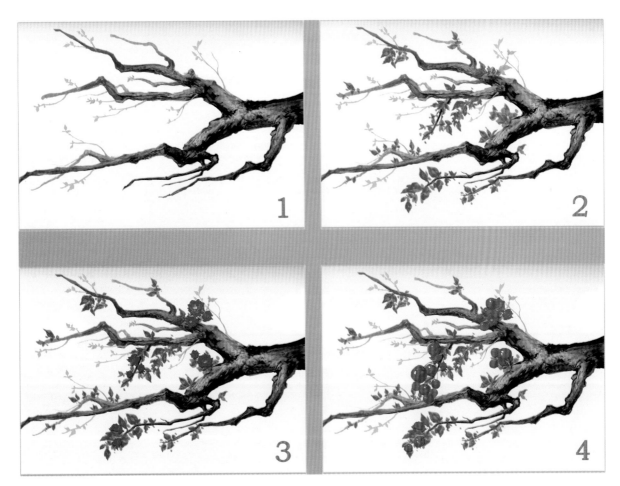

最后我们画出树枝发芽、抽条、开花、结果的四个生长周期，让我们看到一种自然界欣欣向荣的生命力。

四、树干的描绘

在接下来的教程里，我要教大家绘制一棵参天的大树。树干的描绘是我们的重点，它也有别于树枝的描绘。

首先，我们用一个单色笔（任意选择一支不要太光滑的笔即可）绘制出大树本身的形态，注意它的生长趋势是向阳的，所以所有的树枝都得向着太阳生长。

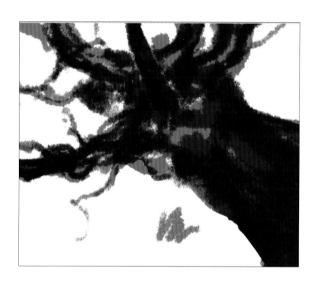

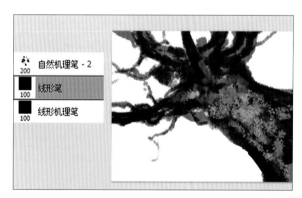

然后我们用图示所指的三种笔刷的组合绘制树干上的植物和表面的纹理。记得使用的颜色是和底色相互补的颜色。

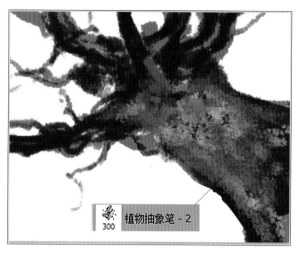

部分的局部我们也使用【植物抽象笔】来描绘，这种笔在表现植物肌理方面也是一种不错的选择。

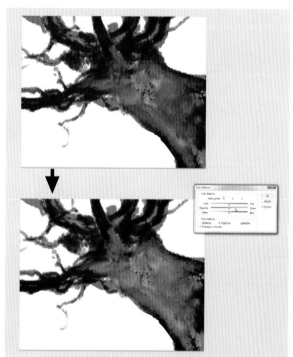

在完成了大的质感之后，我们使用【CTRL+U】色彩调节面板，把棕红色的大树变成绿色。这也告诉我们其实在软件绘画里，起始的颜色根本不重要，因为都可以通过软件调节。

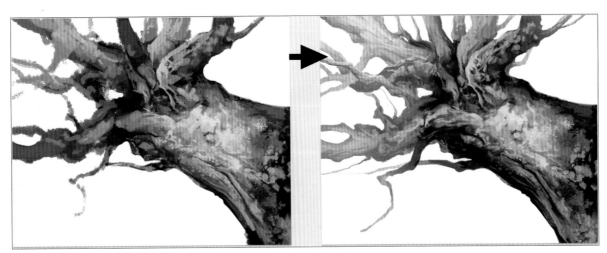

图示中我们可以看到最后的细节是如何被刻画出来的。学习美术很大程度上就好比鉴宝，你总是需要反复对比各种画面之间的差异性，比如这个过程图里也是一样，我们如果不能从左图到右图的两个画面里对比出我们的刻画思路，那么我们的学习就会打折扣。

而这种思路的对比其实并不复杂，你只需要看看形体，以及它们的边缘各自发生了什么样的变化，而实现这些变化各自需要什么样的工作即可。

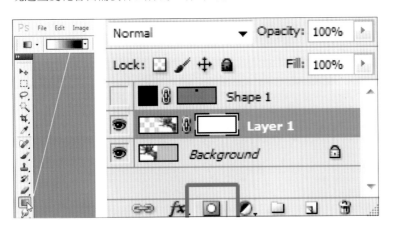

由于树枝到树干是有很大的空间差异的，所以在强弱对比上不能处理得完全一样。这里就有一个小窍门可以使用，那就是如图（红框）建立【快速蒙版】，然后使用简便填充工具在一头黑一头白的颜色设置下拉渐变即可。

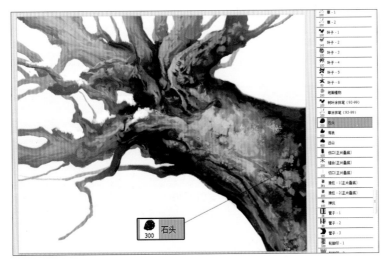

最后部分的清晰的树皮的瘢痕我们使用【石头笔】来完成。石头笔并不意味着只能画石头，而是可以变现各种物体，这需要你在实践中不断地去总结才能发现。

最后我们按照春夏秋冬四季给这个树干加上各种变化，我们可以看到不但是树干的颜色变了，连天空的色彩也在跟着改变。

五、水与石头的描绘

水里的石头和流水的描绘是本章的内容。

如何描绘出小溪里半透明的水质，以及那些长满了青苔的石头和水面波光粼粼的光彩呢？

当学习完本部分的内容后你就能明白了。

首先我们选用一张水塘的相片作为素材。很多的门外汉看不起使用照片进行绘制的画家，遗憾的是大量的CG画家都采用照片进行创作。CG使用照片，是软件功能所赋予的，是天经地义的事情。

因为两个重要的理由是我们必须接受的事实：

CG是因为效率而产生的绘画方式，CG创作如果不能提高效率，那改画油画不是更好？

商业绘画是CG艺术的本质，追求低成本与高效率是商业艺术能够生存的原因。如果连一张素材都要自己去画，那CG艺术早就死了。

其实对于这些起码的概念，外国的创作者比我们理解的深刻得多。中国的CG学习者这方面的意识还需要加强。

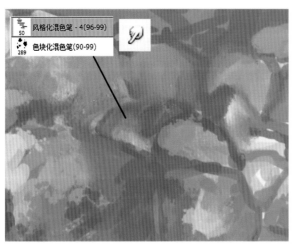

我们将这张素材的局部用喷笔【Air Brush】把周围喷点灰色，然后，我们试着使用图示的两种笔绘制出被涂抹掉的部分，同时，需要把素材上的【马赛克】用笔刷给修葺干净。

【马赛克】指的是图像由于质量太小，放大后而产生的不美观的斑驳痕迹。一般在CG里面的素材，其质量都不会太大，所以往往有大量的需要修整马赛克的工作需要CG画家去完成。

修正马赛克的最为有效的办法就是使用手指涂抹工具。如图所示，在【风格化混色笔】和【色块化混色笔】的配合下，照片里的真实石头已经变成了具有强烈油画质感的石头。

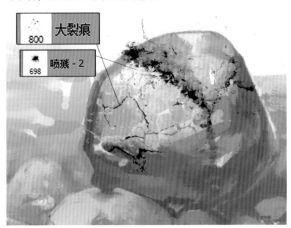

石头上的水面植物是使用【大裂痕】和【喷溅】两种笔刷共同完成的。

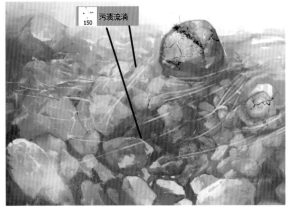

而水面的涟漪却是使用【污渍流淌】这种笔刷完成的。

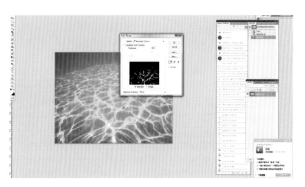

我们打卡另外一张表达波光的材质照片。在选择【Select】—色彩范围【ColorRange】里面把白色的波光选择出来。

如图：使用色彩范围面板里的吸管点选波光的白色部分，再确定即可。

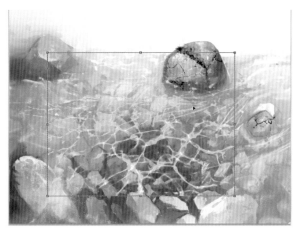

把这个选择出来的波光材质，拖拽到前面绘制好的石头上，用【Ctrl+T】把它放大到适合画面的大小。

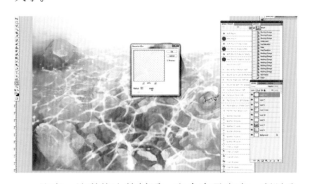

注意，这种拖大的材质一定会有马赛克，所以我们必须在滤镜【Filter】里选择模糊【Blur】给它做一个值为【1.0~2.0】不等的模糊，这样马赛克就会消失。

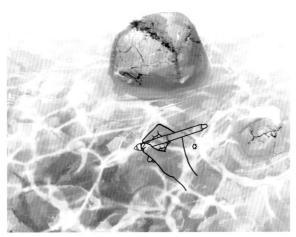

把一张带有颜色的材质，贴图到我们的作品之上，然后如图所示把图层的叠合模式设置成叠加【Overlay】，这是一种不错的模式，很能为画面制造出美丽的效果。

为了表达波光粼粼的感觉，我们最后需要手工在贴图的中间描绘出明亮的水纹高光。

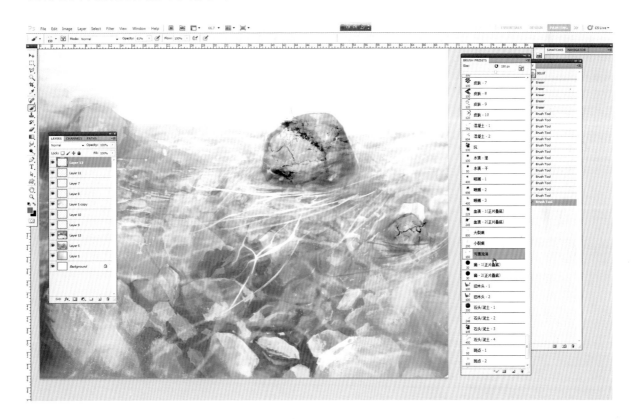

最后，我们经过一系列工作，不到2小时，这个水中的石头就完成了。或许这根本不算一张非常震撼的作品，但是在一个职业化的CG生涯里，类似这样需要你使用综合技巧、快速反应完成的作品，是你一定会大量遇到的。

第三节 ///// 不同景别的表现

一、远景的绘制

少年手持纸飞机，在蓝天下将之放飞出去。这是一组充满青春活力的镜头，现在我们就试着在这样的意境下展开我们的绘画旅程。

首先，我们打开PhotoshopCS5，按照前面讲的方式新建立一个图层，然后在这个图层上填充一个渐变层作为远处的天空。

然后使用PhotoshopCS5里自带的【Flat Point Medium Striff】画笔，大笔大笔地绘制地面、远山、山峦和天空。这个时候不要拘谨，任意地涂抹就可以了，因为修改对于CG绘画是理所当然的事情。

随着我们把色彩与色彩之间的过渡，以及物体之间的远近关系调整好后，画面会显得比较灰。这个时候意味着接下来的工作就是绘制出更多的线条，因为线条是表达细节和划分不同物体边缘的唯一手段。

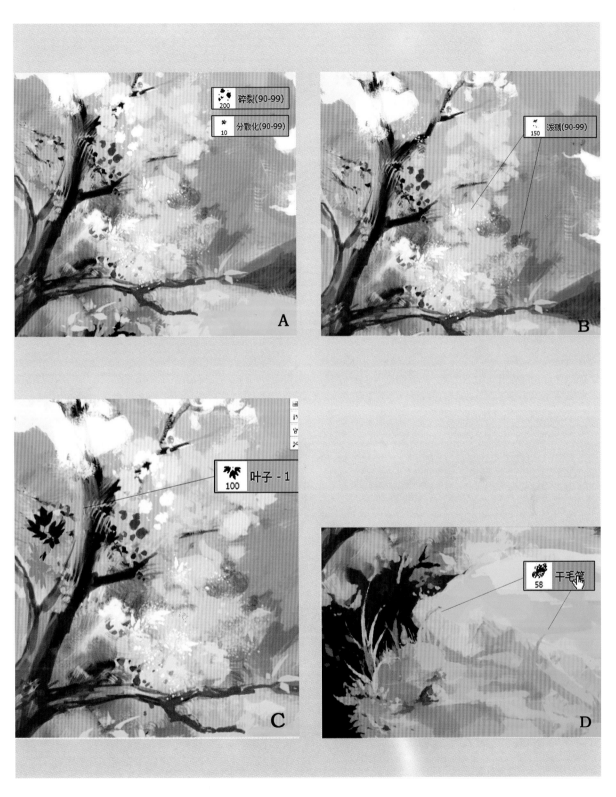

在如图所示里，我们清楚地看到了绘制花草的不同细节所使用的不同笔刷之间的差异，这些是经验，你可以参考着尝试一下。

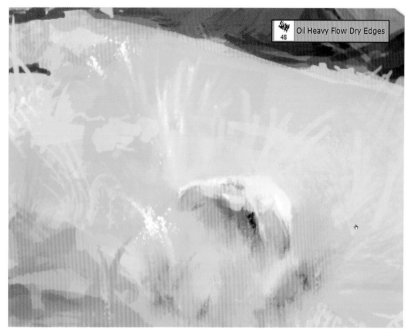

在描绘石头和草地的时候，千万注意不要把边缘刻画得过于明显了，要知道观察整个画面，一块石头和草地的分割线并不算是重点，重点应该是成片的植物和平地之间的边缘。

这里刻画石头我们使用的是【Oil Heavey Flow Edges】，这是一种Photoshop自带的画笔，在我们的附带学习资料里也有相应的提供。

进一步使我们的画面变得鲜艳，这里可以用一些软件自带的调色工具，比如【Ctrl+B】等，熟练地使用这些工具，可以使你摆脱颜色问题的困扰。

远处的树木和植物，我们采用【Rough Round Bristle】来刻画。

这种远处的事物尤其要注意笔触的分寸，不能画得太实在，但是也不能"虚"得连起码的形体特征都没有了。

观察这三张图构成的过程，我们可以看到细节是如何一步一步呈现出来的。其实建议学习者看着前一步的图例，停顿下来思考一下后面该怎么办，然后再看看后面的图例，这样或许你会建立起一种属于自己的合理化的绘画思维。

站在郁郁葱葱的山坡上，眺望在大山环绕的田野里的远处依稀可见的村庄，远处白云流动，风和日丽中空气似乎充满了透明感。这张表现远景的作品完成了。完成时间4小时。

二、中景的描绘

绘制一个有着近草、远山以及大树的场景，是我们学习中景描绘的本章教程。当草稿被提出以后，我们似乎要先感觉一下那种有着蓝天白云，被微风轻抚的感觉了。做好一切的准备，我们就开始后面的学习。

这里我们回顾一下填充渐变的命令步骤。这是基本中的基本。

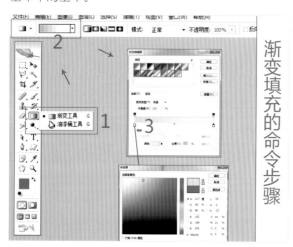

渐变填充的命令步骤

同样的绘制过程，在简单底色上使用【Good Brush-10】笔以轻松的笔法绘制出树木和草地。

对于前景的草丛，我们直接采用【Grass-2】笔来绘制，这叫以形补形。

随着刻画的深入，我们为画面加入远山和云彩，近处则有茂密的草丛。

绘制第二层次的草丛我们使用的是【描绘笔】，细心的你应该还记得在笔刷那章里，我们对【描绘类】笔刷的定义。

使用【Rough blender】笔刷在手指涂抹的模式中绘制草丛里的微妙色彩。这个时候勾选手指绘画【Finger Painting】就会得到如图所示的效果。

在草丛的绘制里，我们首先使用【Grass-1】笔直接绘制草的大致形状，但是这个形状是套路的和预先被设置好的。我们需要用一种叫【草涂抹笔】的工具，在手指涂抹的模式下将草丛给做局部的模糊，这样我们可以得到生动、富于虚实变化的草丛。

【OilHeavy】是一种覆盖性很强的笔刷，用来进行精致的刻画效果特别明显。

【平滑混色笔】在这个实例里是一个非常好的运用。大块的、具有概括性的笔触被在不到5分钟内柔和成了具有体积感的树冠。大量的圆滚滚的物体都可以通过类似的技法来完成。

最后，我们使用前面所提到过的【树叶笔】给树木加上明确的树叶，一张美丽的风景图就完成了。

三、全景的绘制

首先，我们打开Photoshop。其实任何的版本都是可以完成我们的教程的。这个不用特别挑剔。

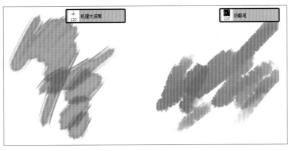

这里我们使用第三方笔刷"Good Brush"里的【机理大滚筒】和【奶酪笔】作为整个大型的铺垫。

这个步骤里面我们只用意向性的色彩（感觉合适就可以的色彩）铺设出整体的布局，包括天空、远山、水流、树木等应该出现的事物。用笔尽量概括，不要拘泥于小节。

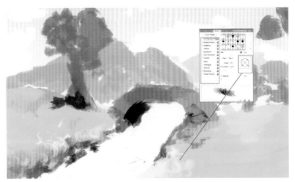

选择一种带有毛发效果的笔刷，如图所示调节其在笔刷控制面板内的参数。红色的方框内是笔触的变化方向，这样来表现出地上的杂草和一些纷乱的植物。

然后我们把笔触调小一点，开始把各个物件的形体描绘得更加具体一点。这个时候你任意使用你认为顺手的笔就可以了，软件仍然是在photoshop里进行。

用笔方向要顺着造型的方向

在使用压感笔的时候，一定要注意用笔的方向和力度的把握。如图所示：所有的物体都需要有适合它本身的笔触方向。要一点一点顺着这个适合的方向来画。

接下来的工作，我们选择使用软件"Corel Painter 11"。这是一款当之无愧的手绘效果模拟的王者软件。特别是在油画和水彩效果的模拟上更是相当出色。

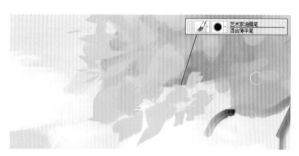

我们选用【艺术家油画笔】内的子笔刷【混合薄平笔】可以轻松画出富有变化的树叶。

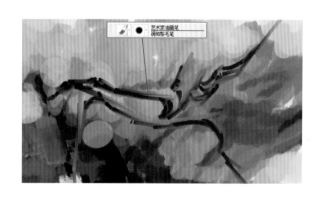

那么在树枝的表现上，我们又采用的是【艺术家油画笔】内的另外一个子笔刷【调和鬃毛笔】。这种笔用起来有点枯涩的感觉。但是表现出来的树枝，的确是富有相当的活力和变化。

至于其余的笔刷，大家都可以多试验一下。毕竟很多神奇的效果是靠大家的群策群力才能被发现出来。

随着我们的深入表现，画面的清晰程度逐步地增加。但是我们仍然发现，前后的层次还没有拉开。所谓前后的层次，是说在视觉感受上，前面的物体必须要清楚而有力，细节要丰富，黑白的对比要强烈，而后面的物体则相对要显得弱一些。

其实，在Photoshop的Good Brushes笔刷中有专门的描绘树叶的笔刷，这些笔刷表现出来的树叶真实而生动。这里我们就选用这些树叶笔刷来描绘清晰的有边缘的树叶形状。

你只需要轻轻地拖动压感笔，那么一丛丛树叶就跃然纸上。

我们来看看最后步骤中的四个环节的画面变化。由上至下，画面的颜色对比和层次感逐步加强。并且远景是最后才得以完善的。这是为何呢？原因在于，如果一开始就直接画远景的话，那么很有可能失去控制，把画面画得过多，那么当画到近景的时候，就很有可能画不下去了，因为最开始人的精力总是最好的。

作品名: 乡村景色
完成时间: 5小时
使用工具: Photoshop CS   Corel Painter

总结

在最后的总结里, 我们来回顾一下基础场景画法的标准流程, 首先是大草稿, 之后在大稿的上面渐变一层天空。然后加上远山和草地, 使得层次感和空间感跃然纸上。

由远及近绘制草地近处的草。注意保持色调的统一, 全部使用绿色系的颜色。只是深浅各有不同而已。

　　最后从补色的概念出发，为绿色的近草加入鹅黄的花朵和草的反光。这样充满生命力的画面就能展现出来。

　　纵观整个过程，其实创作的思路和程序是非常简单明了的，我相信聪明的你通过整个章节的学习一定摩拳擦掌，想试一试用同样的理念和方式能不能创作出更加优秀的作品了吧？

　　注意，请严格按照我的程序做一次后再试着在这个基础上做改变，这样才能实现循序渐进的学习效果。

　　亲爱的读者，到这里我们的基础篇章的学习就结束了。虽然这只是一个开始，但是大家请认真思考：是否所有的知识点、所有的技能指标我们都达到呢？